VOYAGES

DANS L'INDE MODERNE

1re SÉRIE IN-8°.

VOYAGES

DANS

L'INDE MODERNE

PAR

R. LAVAYSSIÈRE.

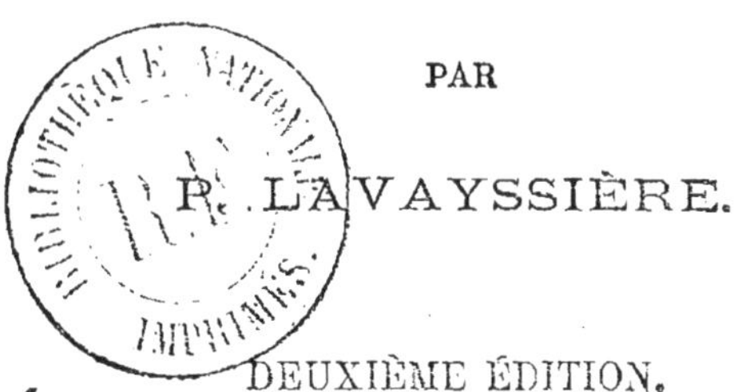

DEUXIÈME ÉDITION.

LIMOGES
EUGÈNE ARDANT ET Cie, ÉDITEURS.

INTRODUCTION.

Calcutta, métropole de l'Inde britannique, se trouve sur le rivage gauche du Hougly : elle s'étend dans un terrain bas et marécageux, ce qui en rend le séjour funeste aux Européens, quoique la Compagnie anglaise ait fait défricher et éclaircir les djungles touffus, combler les étangs bourbeux qui l'environnaient à l'est. Ses rues ont aussi été assainies par des canaux qui les rendent moins humides : malgré cela, les terres situées au sud de la ville infectent l'air d'émanations pestilentielles, qui en rendront toujours le séjour fatal aux étrangers.

Le fort William, la plus belle et la plus forte citadelle de l'Asie, s'élève de ce côté ; la ville noire est au nord : c'est une espèce de cloaque ; les maisons basses, chétives, les rues étroites, humides, malpropres, font un contraste attristant avec la ville européenne (Tcheriughi), située au centre... Là-haut respire le luxe et une opulence comme l'Orient aime à la développer, à l'étaler aux yeux. Des rues larges, droites ; de vastes places ; de belles maisons en briques ; des palais, des édifices somptueux annoncent les maîtres opulents de ces riches contrées, insultant par leur faste une population assouplie à l'esclavage, qui ne sent point sa dégradation. Le cachet des siècles de servitude est imprimé sur son front.

On évalue la population de Calcutta de six à sept

cent mille âmes. Ruche immense où tous les bras sont occupés, où toutes les têtes rêvent la richesse promptement acquise, car la mort se trouve là sur son champ de bataille, la soif ardente de l'or peut seule recruter les rangs sans cesse éclaircis et aussitôt remplis. Le commerce y est si actif, si profitable, par le concours des négociants des contrées les plus lointaines, que peu d'années suffisent à un homme actif et intelligent pour amasser une fortune considérable : c'est un déversoir pour l'Angleterre... Mais que d'ambitions succombent avant d'avoir atteint leur but !

Cette prodigieuse activité commerciale a peuplé Calcutta de tous les établissements que l'on trouve dans les capitales les plus civilisées : soit abrutissement, soit principe religieux, les Hindous, qui composent la masse des habitants, se mêlent peu à cette ardente activité à s'enrichir. Les Anglais, toujours avides, toujours usurpateurs, et d'ailleurs maîtres souverains du pays, se sont fait la part du lion. La population musulmane est nombreuse et dépasse le chiffre de celle des Anglais et des autres Européens.

Ces courts détails nous ont paru nécessaires pour introduire nos personnages en scène et donner une légère idée de la métropole du vaste pays où les faits que nous allons raconter se passèrent en l'année 1831.

LE

VOYAGEUR DANS L'INDE.

I. — RÉCIT.

C'était le soir d'une journée de la saison brûlante; la brise du nord apportait quelque fraîcheur à la grande cité, dont les millions de lumières, comme des étoiles terrestres, brillaient éparses dans la vaste enceinte de la cité, bourdonnante et en mouvement comme une fourmilière aux approches de l'orage. Sur le cours du Hougly s'étendaient des masses de vapeurs, qui se perdaient insensiblement dans la limpidité du ciel sans en altérer la transparence ; seulement, un léger mouvement les portait sur la cité où elles s'abattaient dans les parties les plus basses, dont elles dérobèrent bientôt les lumières aux regards. Ces parties basses étaient la ville noire, la ville où les indigènes trouvaient un refuge au milieu des miasmes des étangs voisins et des vapeurs qu'un soleil de feu avait pompées le long du cours du Hougly.

Un ciel d'Orient brillait dans la pompe de ces constellations, de ces innombrables étoiles qui exécutaient leur révolution dans les profondeurs silencieuses du ciel, tandis que la cité murmurante et active consumait les existences à la conquête de l'or......

Sur une terrasse de la partie de la ville nommée Tcheriughi, presque au centre d'une immense habitation qui servait d'usine et de magasin, trois hommes se livraient seuls à une oisiveté dont le reste de la ville n'eût pas fourni d'exemple.

Deux de ces hommes n'avaient pas encore atteint le milieu de la vie ; mais le troisième paraissait arrivé au point culminant où il ne reste plus qu'à descendre la pente qui conduit à la tombe. Il était pâle, amaigri, et ses joues, creusées par la fièvre, portaient à croire que le chemin qu'il avait à faire dans la vie ne serait désormais pas long. Il le pressentait, et voyait avec terreur arriver le moment où la terrible moissonneuse (la mort), suivant la poétique image des Hindous, l'atteindrait de sa faulx.

Cette pensée donnait à sa conversation une teinte de mélancolie qui allait souvent jusqu'au désespoir. L'un des deux jeunes gens assis auprès de lui était son fils John, et l'autre, le fils de son associé, enlevé comme tant d'autres par la mort, à l'instant où, touchant au but qu'ils s'étaient proposé d'atteindre, ils vont trouver dans la tombe le repos que leur imagination leur représentait sur la terre, au milieu de toutes les considérations qu'attirent les richesses, au milieu de toutes les jouissances que l'or peut procurer.

— John, dit M. Wilson père, quand j'aurai cessé

de vivre, vendez tout ce que je possède ici, et retournez dans la vieille Angleterre avec votre ami William; en mourant, j'emporterai une grande consolation : je vous laisse de quoi figurer honorablement dans le monde.

— Pourquoi vous abandonner à ces tristes pensées, mon père ? vous êtes encore loin du déclin de la vie; vous pouvez vous reposer des longs travaux qui vous épuisaient, et recouvrer une santé qui nous est si précieuse.

M. Wilson secoua tristement la tête et ne répondit point aux paroles consolantes de son fils... William, l'autre jeune homme, gardait aussi le silence; l'état de M. Wilson lui rappelait la perte d'un père qui, comme M. Wilson, avait travaillé avec ardeur à édifier une fortune dont il ne devait pas jouir.

Les regards du mourant erraient sur la ville bourdonnante et s'arrêtèrent sur la ville noire, ensevelie d'un épais rideau de vapeur... Il y a, dit-il enfin d'un ton mélancolique, là, dans cette atmosphère pestilentielle, des milliers de créatures couvertes de haillons, se procurant à peine la petite quantité de riz nécessaire à leur subsistance, couchant sur des nattes imprégnées de miasmes délétères, dans des maisons ouvertes à tous les vents, et cependant ils vivent de longues années... Vous rappelez-vous, mes enfants (il donnait indifféremment ce nom à son fils et à celui de son associé), vous rappelez-vous ce vieil Hindou, dont la longue barbe blanche accuse un âge fort avancé. Vous avez pu, comme moi, remarquer qu'il était néanmoins encore vert et vigoureux, et que les années ne pesaient pas trop sur sa tête ?

— Oui, mon père, répondit John ; je ne sais pourquoi il fut si rapidement repoussé par le docteur Ript ; cet homme désirait s'approcher de vous, mon père...

— Ce vieillard jouit d'une grande réputation dans la ville noire, continua William, c'est une espèce de médecin qui passe sa vie à visiter ses compatriotes malades ; il faut qu'il obtienne des succès bien marqués pour avoir conservé l'affection et le dévoûment des indigènes ; car il a changé, dit-on, de religion, et professe le christianisme. Vous devriez le mander, M. Wilson ; cela ne vous obligerait pas à suivre ses conseils.

— Le faire venir auprès de moi, William ; vous n'y pensez pas, mon ami?... Que diraient de nous nos amis, nos connaissances? Le ridicule tue, William, et j'ai assez de cette fièvre maudite pour m'achever !

William le regarda avec tristesse et se tut. Mais John, reprenant la proposition de son ami, dit à son père : J'ai aussi entendu parler de la science de ce vieillard. Quand il ne ferait que nous enseigner le régime qu'il a suivi et auquel il doit unesi heureuse vieillesse, ce serait déjà beaucoup, mon père. Le ridicule ne tue que dans les villes désœuvrées ; il étendit la main sur la ville : voyez si cette population active a le temps de se livrer aux bavardages de nos villes d'Europe ! J'ose espérer, mon père, que la vie est encore puissante en vous, et qu'en secondant le travail de la nature, celle-ci reprendrait sa prépondérance et vous conserverait à nos cœurs.

William fit un signe de tête affirmatif.

— Mais, que dira le docteur Ript? il racontera à

ses nombreux clients que le pauvre Wilson est tellement effrayé des approches de la mort, qu'il va chercher jusque dans la ville noire la science d'un charlatan hindou, car c'est ainsi qu'il nomme tous les hommes de cette misérable race qui pratiquent l'art de guérir.

— Ce furent de pareilles considérations qui détournèrent mon père d'avoir recours au savant hindou, fit observer William, et je me suis souvent reproché d'avoir écouté les sarcasmes du docteur Ript.

M. Wilson restait pensif, les deux jeunes hommes gardaient aussi le silence. Ce silence durait depuis quelques instants, lorsqu'une vive lumière brilla dans la large rue que les deux jeunes hommes pouvaient seuls apercevoir : une longue file d'hommes, rangés des deux côtés de la rue et armés de flambeaux, escortaient une voiture tendue de noir, et s'avançaient en silence vers une des portes de la haute ville.

John se rapprocha de William pour dérober aux yeux de son père ce triste cortége. C'était un des plus riches négociants de la cité dont on emportait en hâte le cadavre, que la putréfaction avait déjà décomposé.

— D'où provient cette vive lumière, mes enfants, demanda M. Wilson, est-ce un incendie? En même temps il se leva de son siége et alla se placer à côté de son fils : il comprit et frissonna.... Encore un qui me précède ; nous étions liés ensemble ; il laisse une immense fortune et point d'enfants.

— Il se trouvera des héritiers en Angleterre, dit William avec amertume.

Il y eut un court silence, M. Wilson le rompit.

— J'aurai du moins une consolation qui lui a manqué, mon cher John ; ma vie aura été dépensée pour vous et pour votre sœur ; mais je sens le frisson de la fièvre, aidez-moi à rentrer dans mon appartement.

Lorsqu'ils l'y eurent conduit, et avant de se retirer, les deux jeunes gens reparlèrent encore du vieil Hindou : M. Wilson consentit à le faire venir, en recommandant de tenir cette entrevue secrète. — Que le docteur Ript l'ignore, mes enfants, ah ! qu'il l'ignore ; je crains ses sarcasmes plus qu'une perte dans les affaires.

Les deux jeunes gens, après avoir placé commodément le vieillard dans un fauteuil, se retirèrent dans l'embrasure de la fenêtre, et là, le colloque suivant s'engagea entre eux à voix basse :

— Nous nous sommes bien avancés, John ; après la réception brutale que le docteur Ript ménagea à ce pauvre vieillard, croyez-vous qu'il consente à venir ?

— N'en doutez pas, mon cher William, ce n'est pas ce qui m'inquiète ; je crains plus mon père, dont la maladie a affaibli les facultés morales, que le refus de l'Hindou. Ce vieillard sera trop heureux d'être appelé auprès d'un riche Anglais, pour se faire seulement attendre. Il faut que nous écartions les serviteurs indigènes quand le vieillard viendra ; cette consultation de mon père leur donnerait trop de vanités : ils détestent le docteur, vous le savez, et ils ont leur amour-propre comme nous, William, amour-propre national, que l'asservissement n'a point entièrement étouffé.

II. — LE VIEILLARD HINDOU.

La nuit que passa M. Wilson fut mauvaise ; des pensées accablantes le poursuivaient jusque dans son sommeil : il voyait toujours le convoi funèbre qui passait silencieusement sous ses yeux : le même sort l'attendait sous peu, il en avait le pressentiment, et cependant il tenait à la vie ; ces années si activement employées pour amasser des richesses l'auront été en vain pour les jouissances qu'il s'était promises de leur résultat ; il allait s'éteindre sans avoir vécu de la vie qu'il avait tant désirée !

Un sommeil lourd et pénible lui ferma les yeux quand parurent les premières lueurs du jour, et son fils, qui s'était introduit doucement dans son appartement, n'osa pas interrompre son sommeil pour lui annoncer la venue du vieil Hindou.

Celui-ci était accroupi sur une natte, les yeux baissés ; les grains d'un chapelet passaient un à un entre ses doigts, et ses lèvres, sans murmure, annonçaient par leur mouvement qu'il priait.

John et son ami ne troublaient point, par leurs questions, cette prière muette ; mais ils observaient l'extérieur de cet homme en qui, malgré les préjugés, ils mettaient plus de confiance qu'ils n'eussent osé en convenir en société d'Européens.

L'Hindou paraissait d'une taille ordinaire ; ses membres, bien proportionnés, semblaient encore, malgré leur amaigrissement, malgré l'âge, posséder une grande vigueur. Ses vêtements grossiers étaient, contre l'habitude des gens de sa caste, d'une exquise propreté. Mais ce qui attirait surtout leur attention, c'était l'expression de sa figure, empreinte d'une dignité calme qui commandait le respect.

Il leva les yeux, et les dirigeant vers la fenêtre, sa figure exprima un instant de contrariété. Le jour avance, dit-il, et l'on m'attend à la ville noire.

— Mon père dort encore, lui dit John ; il repose rarement, laissons-lui ce bienfait de la nature. L'Hindou le regarda, ses lèvres s'entrouvrirent, mais il ne proféra pas une parole.

— Honnête vieillard, dit William, vous avez eu l'intention de nous parler. Faites-le sans crainte : la sagesse doit s'exprimer par votre bouche.

— Il dort, dit l'Hindou, et l'on a dit que le sommeil est un bienfait de la nature. La sagesse s'exprimait alors par la bouche du jeune homme.

— Oui, la nature est bienfaisante, mais les hommes croient qu'ils peuvent impunément la plier au gré de leurs passions ; que l'homme imite l'animal, qui n'a que l'instinct, et il vivra longtemps, sans connaître les atteintes des infirmités.

— Même sous cette température ardente, dans ce climat malsain? demanda John avec une espèce d'amertume.

— Si je compte mes années, répondit le vieillard, je trouve que j'ai dépassé l'âge qu'il est donné à l'homme d'atteindre, quoique rarement les étrangers y arrivent.

— C'est qu'ils sont étrangers, fit observer John ; c'est qu'ils ne respirent plus ici l'air qui remplit leurs poumons dès l'instant où ils respirèrent.

— Vous dites une vérité, reprit l'Hindou : mais vous oubliez d'en mentionner d'autres peut-être plus importantes, car la nature de l'homme le rend plus disposé à s'acclimater que la nature des animaux et des plantes ne le leur permet, et cependant des plantes et des animaux de vos contrées prospèrent sous notre ciel ard ent, n'avez-vous pas enrichi vos froides contrées des plantes et des animaux dont l'Inde fut le sol natal ? qu'avez-vous fait pour obtenir ce résultat?

— Je vous comprends, vieillard, dit assez vivement John : nous entourons de soins minutieux ce que nous transportons de l'Inde dans nos pays, nous leur cherchons les expositions les plus favorables à leur nature, et le succès récompense nos soins.

— Pourquoi, dit l'Hindou avec plus d'animation, faites-vous plus pour les plantes et les animaux que vous ne faites pour vous-mêmes? Pourquoi conservez-vous sous notre ciel les habitudes de vivre que vous avez apportées de votre patrie? Pourquoi?.. Il s'arrêta et parut refouler l'expression de sa pensée.

— Ne craignez point de nous parler franchement, dit William, qui jusqu'alors était resté muet.

— Quand on dit une vérité qui peut paraître blessante, et qu'on la dit inutilement, l'homme sensé doit garder le silence, répondit l'Hindou.

— Ne craignez point de nous offenser, reprit William ; une vérité sortie d'une bouche vénérable ne nous offensera jamais.

L'Hindou les regarda avec calme ; il semblait chercher dans l'expression de leurs visages si elle ne démentait point ces paroles Puis il ajouta : C'est témérité à l'esclave de dire la vérité aux maîtres.

— Vous n'êtes point esclave, dirent vivement les deux Anglais.

— Qu'exige-t-on des esclaves? demanda froidement

l'Hindou; la soumission aux ordres, quels qu'ils soient, le sacrifice de leur volonté, l'emploi de leurs bras, l'usure de leur vie; ne demandez-vous pas tout cela aux Hindous mes compatriotes? ne l'exigez-vous pas avec hauteur et dureté, oubliant que vous êtes chrétiens? Que sommes-nous sous votre empire, nous que la bonté de Dieu avait fait naître dans ces riches et fertiles contrées? Vous absorbez les produits de nos campagnes, les produits de nos arts; vous bâtissez des palais, des habitations somptueuses, vous entourant de tout ce qui peut flatter la sensualité humaine. Que nous avez-vous laissé à nous, les légitimes propriétaires de l'Inde? Voyez, ajouta-t-il en se levant, et dirigeant sa main vers la ville noire, c'est là que nous sommes parqués, en attendant votre bon plaisir... Puis, enfonçant sa main dans le petit sac pendu à sa ceinture, il en tira une poignée de riz Et voilà notre nourriture; encore sommes-nous heureux quand elle ne nous manque point après une journée de fatigues physiques et de douleurs morales; vous nous avez abâtardis, nous sommes vos esclaves, sans en porter le nom, et cependant vous trouvez plus de têtes blanchies par les années au milieu de notre malheureuse population que parmi vous, qui jouissez de toutes les abondances, de tous les luxes; c'est que Dieu ne nous donna pas l'existence pour absorber les dons qu'il recéla dans la terre, mais pour en user en proportion de nos besoins... Il s'arrêta, ayant remarqué que le visage des deux Anglais s'assombrissait.

— Continuez, continuez, dit John, d'un caractère plus hautain et plus impétueux que William: vous arriverez peut-être à nous prouver que l'horrible mortalité qui décime la population européenne n'a pas pour cause l'insalubrité de ce climat pestilentiel.

L'Hindou rougit légèrement; le reproche fait à sa patrie blessa son esprit; puis il ajouta : Si notre climat est mortel pour les Européens, pourquoi viennent-ils l'habiter? L'Europe n'a-t-elle plus d'espace pour les contenir? ne sont-ils pas assez sages pour préférer la vie à l'or? J'ai prononcé le mot, dit-il, et je ne m'en repens point. Oui, c'est la soif insatiable de l'or qui vous fait braver la mortalité de nos contrées, c'est elle qui vous livre à une dévorante activité, qui épuise jusqu'aux sources de la vie; c'est elle qui vous pousse à rechercher dans les aliments excitants, dans les boissons enivrantes, l'ivresse passagère de la force, et vous accusez notre climat, vous maudissez ces contrées qui vous donnent une si rapide opulence, qui vous permettent de réaliser en quelques années ce que la vie entière d'un homme laborieux ne saurait jamais atteindre ailleurs; vous exagérez l'existence, et, au lieu d'en user sagement, vous la consumez en quelques années.

Il y avait dans les inflexions de cette voix un je ne sais quoi qui pénétrait jusqu'à l'âme. La morgue anglaise se trouvait blessée, mais l'autorité des paroles de l'Hindou, les vérités qu'elles exprimaient en imposèrent aux deux jeunes hommes.

William rompit le premier le silence qui suivit la vigoureuse sortie de l'Hindou. J'admets, lui dit-il, que tout ce que vous venez de nous dire soit fondé; vous admettrez aussi que la Compagnie possède le pays, qu'elle y a ramené la vie et le commerce, et que, si les habitants montraient autant d'activité que la race européenne, elle pourrait aussi arriver à la richesse et à la haute prospérité que quelques-uns d'entre vous ont atteint.

Le vieillard allait répondre, lorsqu'un serviteur vint avertir John que M. Wilson le demandait.

— Venez, dit celui-ci au vieillard, nous espérons que votre longue expérience relèvera nos espérances.

M. Wilson était sur un large fauteuil entouré de coussins, et paraissait anxieux ; quand le vieil Hindou entra, il parut éprouver une sensation désagréable ; il se tut et le suivit des yeux... Celui-ci, sans remarquer le peu de bienveillance avec laquelle il était accueilli, s'approcha du malade et le regarda quelque temps en silence : puis, sans autre préliminaire, il s'approcha de lui, écarta les tissus qui lui couvraient la poitrine, et y appliqua l'oreille. Un temps assez long s'écoula avant qu'il quittât cette position ; enfin il se dressa et fit encore un examen du visage de M. Wilson, et dit avec un accent de conviction tel que tous la partagèrent : Je réponds de la guérison, si mes conseils sont suivis. Jeunes gens, éloignez-vous, laissez-moi seul avec mylord (les Hindous donnent ce titre à tous les riches Anglais).

Lorsqu'il se trouva seul avec le malade, il prit, mais avec modestie, le ton d'un homme qui a le droit de commander : Mylord, dit-il, il faut renoncer à toute affaire qui puisse occuper sérieusement votre esprit. Un changement d'air trop brusque atteindrait des organes déjà affaiblis par votre séjour à Calcutta : la réaction serait trop rapide. Sans retard il faut que vous entrepreniez un voyage dans les autres parties de l'Inde, et que vous arriviez, par degrés, au pays des montagnes, où vous séjournerez jusqu'à ce que la santé, rétablie, vous permette le retour en Europe. Ici l'air, au contraire, les appréhensions, vous feront succomber en peu de temps.

M. Wilson, qui s'attendait à entendre le langage d'un empyrique, fut étonné de la sagesse de l'Hindou, et voulut lui en témoigner sa reconnaissance ; il prit une bourse et la lui offrit. Pas encore, dit le vieillard, j'attendrai votre retour à Calcutta. Le temps me presse ; il vous presse aussi, mylord, partez le plus tôt possible, et que Dieu veille sur vous.

Lorsque les deux jeunes hommes rentrèrent, ils furent étonnés de trouver la figure de M. Wilson rayonnante, au lieu d'avoir cet abattement lugubre qui les désespérait. L'Hindou fut reconduit avec respect ; il annonça une visite pour le jour suivant.

Tous les préparatifs furent faits pour un voyage dans l'intérieur du pays, dont l'Hindou devait tracer l'itinéraire.

III. — INTÉRIEUR D'UNE DEMEURE DES SUJETS ANGLAIS A CALCUTTA.

Le vieillard, en sortant du palais somptueux de M. Wilson, se dirigea vers la ville noire, parcourut rapidement plusieurs rues étroites et tortueuses, et entra dans une cabane de chétive apparence.

Les deux petits appartements qui la composaient n'avaient pour tous meubles que des nattes de joncs, une table, meuble qu'on trouvait rarement chez les Hindous des dernières classes, et quelques vases en terre ou en fonte. Le plancher était formé d'une terre rougeâtre fortement battue, et tenu fort propre, dans le premier appartement. Le second, qui servait de chambre à coucher à la famille, annonçait la même simplicité; mais le sol, dans toute son étendue, se trouvait recouvert de nattes moins grossières; le long des murs en terre on voyait des nattes roulées, qui, durant la nuit, servaient de matelas et de couvertures à la famille : celle-ci se composait d'une femme, jeune encore, qui allaitait un enfant, accroupie dans un angle de la chambre; d'une autre femme décrépite étendue sur une natte et en proie à une fièvre ardente; trois autres enfants fort jeunes se roulaient dans la première chambre, sous la surveillance d'un vieillard qui tressait des nattes avec des joncs. Quoique les habits des membres de cette famille fussent aussi grossiers que ceux de leur caste, cependant ils s'en distinguaient par leur propreté.

A l'entrée du vieil Hindou dans la chaumière, la joie se manifesta sur tous les visages; les enfants eux-mêmes suspendirent leurs petits jeux et vinrent l'entourer.

— Que la protection du ciel s'étende sur vous, dit le vieillard, qu'il vous donne courage et résignation. Puis, s'approchant de la malade, il s'accroupit sur le bord de la natte et l'observa pendant quelques instants : Toujours cette malheureuse fièvre, dit-il; vous ne lui avez donc pas donné le remède que j'avais prescrit hier?

La jeune femme lui répondit en s'excusant de ne pas avoir suivi son ordonnance : Le marchand anglais a refusé de le livrer; je n'avais pas la somme qu'il me demandait. Le vieillard porta la main à son front et dit : J'aurais dû le prévoir... ils vendent tout au poids de l'or. Quel prix vous demande-t-il pour ce remède, Kalika ?

— Deux roupies, répondit-elle ; en nous privant de riz, nous possédions une seule roupie.

— Viasa, dit-il en s'adressant au vieillard, voici trois roupies, allez chercher le remède nécessaire à la guérison de votre femme. Il écrivit avec une plume de bambou le nom du remède et la quantité...

— Avez-vous du riz ? demanda-t-il avec inquiétude.

— Les enfants mangèrent hier au soir le reste de la provision, et nous gardions la roupie, espérant que le travail de mon mari nous procurerait l'autre ce soir...

— Ainsi, vous manquez de nourriture ? dit le vieillard avec tristesse.

La jeune femme baissa la tête et ne répondit point...

— Et vous allaitez cet enfant sans avoir pris d'aliments ? O mon Dieu ! ajouta-t-il en levant les mains et les yeux au ciel, tu vois ce que l'on fait des créatures sorties de tes mains, toi qui mourus pour enseigner aux hommes la sainte charité ! Il détacha le petit sac pendu à sa ceinture, et répandit dans un large vase en terre le riz que contenait ce sachet.

— Enfants, ajouta-t-il, allumez le feu avec ces roseaux, et vous, Kalika, lavez et faites cuire ce riz ; Viasa, il vous reste une roupie, achetez du riz avec sa valeur.

Il reprit sa première position auprès de la malade, interrogea attentivement son pouls, l'aspect de son visage, puis les battements de son cœur.

Tous les habitants de la chaumière, se trouvant

occupés, gardaient le silence, et ce silence n'était interrompu que par le pétillement des roseaux, qui rendaient une flamme brillante, et un commencement de frémissement qui sortait du vase que la flamme entourait; les enfants, accroupis auprès de l'âtre, accusaient par leurs regards, avidement fixés sur le riz en ébullition, le besoin qu'ils éprouvaient de prendre de la nourriture.

Tout-à-coup on entendit dans la ruelle des voix confuses et un piét nement qui s'approchait. La porte fut ouverte; plusieurs Hindous de la dernière caste entrèrent portant sur des bambous un homme ensanglanté...

— Grand Dieu! s'écria la jeune femme, mon mari! mort, mort... Elle s'affaissa sur elle-même, son enfant roula sur la natte et se mit à pousser des cris.

Le malheureux que l'on rapportait en cet état avait été affaissé sous un fardeau trop lourd, il vomissait le sang; les autres enfants se mirent à pousser des cris en courant les uns vers leur père, et le plus jeune auprès de sa mère, dans le sein de laquelle il se jeta.

Le vieux médecin étendit les membres de la jeune femme sur les nattes, ordonna à l'aîné des enfants de lui laisser tomber lentement, d'une certaine hauteur, un filet d'eau sur le visage; puis il courut au blessé: son visage parut plus calme, après un examen assez long du corps; il lui fit avaler de l'eau fraîche, le frictionna lentement de la tête aux pieds, et eut la satisfaction de voir les lèvres et le visage du blessé reprendre leur coloration naturelle.

Les autres Hindous se tenaient dans un silence respectueux autour du vieillard, bien connu de toute leur caste, et s'empressaient d'exécuter ce qu'il leur ordonnait brièvement.

Tandis que ces choses se passaient, la malade s'était assise le dos appuyé contre la muraille ; ses yeux étaient ardents, sa respiration haletante, ses doigts roulaient machinalement les grains d'un chapelet.

Le vieillard se pencha sur la jeune femme, qui reprenait l'usage de ses sens, et lui dit doucement : Kalika, l'accident arrivé à Mohem n'aura pas de suites aussi fâcheuses que vous l'aviez cru.

— Il n'est pas mort, murmura-t-elle, et ses bras entrelacèrent le plus jeune de ses enfants. Elle fondit en larmes. Qu'on l'apporte ici auprès de moi, que je le voie, que je le touche, que je l'entende me parler... Mohem, dit-elle en élevant la voix ; Mohem, réponds-moi.

Au même instant, un cri déchirant, qui les fit tous tressaillir, partit de la chambre voisine. Les Hindous s'y précipitent et trouvent la vieille malade en proie à une convulsion affreuse. Bientôt sa gorge ne rendit plus qu'un râle entrecoupé : elle se raidit, retomba sur la natte ; elle était morte.

Le vieux médecin se jeta à genoux près de ce corps sans vie, pria les bras croisés sur sa poitrine, puis, se relevant lentement, il étendit la main sur le corps et dit : Tu as eu assez de misères et de souffrances sur la terre, Dieu te rappelle à lui. Va trouver la récompense que te réserve sa justice... Il étendit la natte sur le corps, fit signe aux Hindous de taire ce qu'ils avaient vu, et retourna avec eux dans la chambre voisine.

A l'instant Viasa rentrait le visage irrité, et ignorant ce qui était arrivé à Mohem. L'Anglais, dit-il en jetant les trois roupies que lui avait données le vieillard médecin, l'Anglais, me voyant cette somme, l'a exigée toute entière pour me livrer le médicament. Que la malédiction du ciel retombe sur nos oppresseurs.

Puis, jetant les yeux autour de lui, et devinant un malheur plus affreux, il trembla dans tous ses membres, s'appuya contre la muraille, et ne put qu'articuler ces mots : Mon Dieu, ayez pitié de nous.

Si un Hindou ne l'eût soutenu, il fût tombé sur le sol, si subit avait été le passage de la colère à une douleur pleine d'épouvante.

Une demi-heure après cette scène de désolation, les enfants entouraient le vase où fumait le riz cuit, mangeaient, presque indifférents à ce qui se passait autour d'eux. La jeune mère, tenant d'une main son enfant et de l'autre appuyée sur l'épaule de son mari, le regardait avec une curiosité inquiète. Son père, le vieux Viasa, étendu sur une natte, promenait ses regards de ses petits-enfants à ses enfants; de grosses larmes descendaient le long de ses joues amaigries.

Le vieux médecin s'approcha du vieillard, lui tendit la main et le conduisit auprès de ses enfants; il les contempla quelque temps, puis, d'une voix calme, quoique pleine d'émotion, il leur dit :

— Mes amis, j'ai vu bien de mauvais jours, autour de moi tous ceux qui m'étaient chers sont tombés, les uns frappés avant le temps, et les autres après avoir rempli une longue et douloureuse carrière. Le désespoir a souvent altéré ma raison; plus d'une fois, comme le chameau surchargé, j'ai plié les jarrets, et j'ai appelé la mort à mon secours.

Heureusement, un de ces hommes qui bravent toutes les souffrances dans les dangers pour répandre la parole de Dieu, me rencontra dans un de ces jours de désespoir; il pleura avec moi, compatissant à mes peines; il tourna mes pensées vers un monde meilleur, et me fit comprendre la nécessité d'une récompense éternelle; à partir du jour où mes yeux furent ouverts à la vraie lumière, je me sentis un autre homme; la force descendit en moi, et j'acceptai la vie avec toutes ses amertumes, toutes ses angoisses; car, en jetant les yeux autour de moi, je voyais partout les mêmes souffrances, et bientôt j'appris que les hôtels, qui semblent ne recéler que les joies du monde et le bonheur, comptaient plus de malheureux que nos humbles demeures. J'allai visiter les champs des morts, où la vanité humaine recouvre de fastueux mausolées les restes inanimés des riches de la terre, et je vis que le trépas faisait parmi les puissants une plus abondante moisson fauchée avant la maturité, que parmi nous, pauvres esclaves de l'étranger.

Je compris la justice de Dieu; je sentis la faiblesse de mon esprit, quand il veut juger les choses de la terre. Oh! mes amis, si vous étiez bien pénétrés de cette vérité, que notre passage sur la terre n'est qu'une épreuve, une épuration qui nous rend dignes d'un meilleur sort dans une vie meilleure, vous accepteriez, comme je l'ai acceptée, la part de souffrances qui vous est échue, et sans vous plaindre, les pertes qui vous frappent au cœur vous remercieriez Dieu de tout ce qu'il vous envoie dans sa sagesse infinie.

Il s'arrêta un instant pour pénétrer les dispositions de la famille infortunée qu'il avait sous les yeux, puis il reprit avec une émotion qu'il ne put dissimuler .

— Viasa, Mohem et vous, Kalika, la bonne, l'excellente mère et épouse que le ciel vous avait donnée ne souffre plus, elle est retournée au sein de Dieu, et veillera sur vous du haut du ciel.

Heureux ceux qui s'endorment dans la paix du Seigneur.

Soit que la malheureuse famille n'eût pas compris le sens de ces dernières paroles, soit que la stupéfaction l'eût frappée, elle resta muette. Mais la jeune femme, sortant soudain de sa torpeur, se leva en poussant un cri et se précipita dans la seconde chambre en criant : Ma mère ! ma mère !

Il y a des scènes de douleur que l'on renonce à décrire... La chaumière retentit des lamentations de cette pauvre famille, et l'on peut dire que l'enfant à la mamelle, comme s'il eût été magnétiquement imprégné de cette douleur, mêla ses vagissements aux lamentations de ses parents. Le sentiment se développe-t-il en nous plus tôt que l'on ne le croit ordinairement ?

IV. — LE VOYAGE.

Peu de jours après les scènes que nous avons essayé de dépeindre dans le chapitre précédent, M. Wilson ayant mis en règle ses affaires commerciales, car, grâce aux sarcasmes du docteur Ript, il avait perdu une partie de l'espérance que lui avait donnée le vieil Hindou, M. Wilson, avec une suite respectable, se mit en route pour visiter l'intérieur des terres. L'Hindou voulut l'accompagner durant les premiers jours de voyage.

Ses serviteurs, au nombre de dix hommes sûrs et vigoureux, escortaient le palanquin où devait rester le malade jusqu'à ce que la santé lui permît une autre manière de voyager. Deux éléphants portaient les tentes, le bagage et les provisions; six chevaux, aussi chargés, avaient été ajoutés aux bêtes de somme, et les deux jeunes gens s'étaient réservé chacun deux chevaux pour monture. Ils emmenaient aussi deux magnifiques chiens de Terre-Neuve et plusieurs autres dressés à la chasse dans les Indes. Cette petite caravane, bien armée, bien approvisionnée, quitta Calcutta avant le lever du soleil, et avait atteint les lieux ombragés quand cet astre, après avoir bu les vapeurs de la nuit, montait dans un ciel sans nuages et inondait la terre de torrents de feu.

Le transport en palanquin est extrêmement doux : c'est un balancement sans secousse, moelleux, qui provoque un sommeil réparateur. La mollesse orientale pouvait seule inventer ce mode de transport.

Voici comment il se pratique : Deux bambous forts, quoique très élastiques, d'environ quinze à vingt pieds de longueur, supportent une espèce de cage en forme de carré long; elle est composée ordinairement de lattes de bambous, ouatée dans l'intérieur, en forme de lit de repos, qui change de forme à volonté. Ce cabinet portatif offre, en proportion de son étendue, toutes les commodités, tout le luxe des appartements de luxe. Des rideaux protégent l'intérieur contre les ardeurs du jour, et, la nuit, une lampe suspendue procure une clarté brillante qui permet de lire et d'écrire.

Quatre Hindous ordinairement, et souvent huit, portent sur l'épaule un des bouts des brancards, marchent en mesure, presque toujours au bruit d'un chant cadencé et monotone. Ces porteurs, qui se relèvent à des distances réglées, marchent presque aussi rapidement que des chevaux au trot. L'homme a réduit la créature de Dieu à la condition des bêtes de somme; la condition est bien la même : le conducteur, qui trotte à côté des porteurs, est armé d'une longue tige de bambou dont il fait le même usage que les postillons de leurs fouets.

Que les puissants de l'Asie, habitués à cette dégradation de l'espèce humaine parquée en castes, comme des troupeaux, souffrent de pareilles choses, on le conçoit; l'esprit du christianisme ne peut que difficilement entamer leurs mœurs, héritage des siècles; mais qu'un peuple qui, quoique dissident, connaît l'Evangile et ses sublimes enseignements, les tolère, c'est ce que l'on ne concevrait pas, si on ne savait qu'il ne songe qu'à l'or.

La marche de la caravane fut lente, on s'écartait obliquement de la rive droite du Hougly pour gagner les points élevés, où l'ardeur du soleil est tempérée en tombant sur des massifs de verdure, et aussi par la circulation d'un air plus pur et plus saturé des émanations balsamiques des arbrisseaux et des forêts.

M. Wilson, bercé mollement dans son palanquin, s'était endormi; les deux jeunes gens, montés sur leurs chevaux, cheminaient un peu en avant et se livraient avec entraînement à une conversation que la beauté et la luxuriante végétation du pays qu'ils traversaient rendaient intéressante et animée. Le vieil Hindou, à cheval, suivait le palanquin et paraissait absorbé dans ses réflexions : le reste de la troupe trottait des deux côtés du palanquin, se relayant pour le transport au signal du guide.

Déjà ils cheminaient depuis plusieurs heures, lorsque le vieillard commanda une halte ; la chaleur devenait accablante.

Les tentes furent promptement dressées dans un espace ombragé d'arbres, et dans le voisinage d'un filet d'eau qui descendait des hautes terres en traversant les forêts. De là on découvrait un paysage étendu, et la vue était réjouie du scintillement doux des rayons du soleil sur les feuilles vert sombre des bouquets d'arbres épars çà et là dans les campagnes.

M. Wilson, sorti de son sommeil, sembla plus gai que lors du départ ; il tendit la main aux deux jeunes hommes, qui s'informaient de sa situation, et accueillit avec empressement la proposition de prendre quelque nourriture. On étala sous la tente les provisions apportées de la ville, et chacun se préparait à leur faire fête, même le malade ; mais le vieil Hindou, qui se tenait accroupi sur une natte, se leva, choisit les mets que devait prendre le malade, en régla la quantité et ne toléra pour boisson que l'eau du ruisseau.

— Vous êtes bien rigoureux, dit John, que la légère amélioration qu'il croyait remarquer sur le visage de son père avait rendu joyeux ; mon père est faible, laissez-nous tempérer la fraîcheur et la crudité de cette eau par quelques gouttes de ce bon vin d'Europe.

— J'ai presque promis une guérison, répondit

l'Hindou ; je retire ma promesse si on change quelque chose à mon système...

— Non, non, docteur, car je veux vous donner ce nom, quoique vous n'ayez pas pris vos degrés dans une faculté d'Europe, ni même de Calcutta ; non, on ne changera rien au régime prescrit à mon père ; les débuts promettent déjà ; voyez avec quel appétit il mange son petit plat de riz.

— John, ôtez ce flacon de vin, votre père le regarde avec envie.

— Ne l'induisons point en tentation, répondit John en masquant le flacon avec un énorme plat de riz et de légumes destinés au reste de l'escorte.

— Que votre conversation soit légère et gaie, dit l'Hindou à voix basse : les impressions agréables sont aussi d'excellents remèdes. Il se retira avec ses compatriotes, ne voulant pas, dit-il, partager avec les nobles Anglais, quand il avait auprès de lui des hommes de sa caste. Quoiqu'il fût chrétien, il ne restait pas moins attaché aux préjugés et aux habitudes de l'enfance.

Un bruit de voix et de pas leur annonça l'approche de personnes étrangères à leur caravane. Une troupe d'environ vingt individus, composée d'hommes de tout âge, de femmes et d'enfants, parut à une certaine distance du campement des Anglais.

Sans faire attention à leurs voisins, ces nouveaux venus déchargèrent de petits chevaux presque invisibles sous leur charge, et des chèvres se répandirent dans les buissons des alentours ; des nattes grossières furent dressées en forme de tentes, sous lesquelles les femmes et les enfants transportaient des paniers et des ustensiles de cuisine et d'usage pour la vie.

La plupart des hommes étaient coiffés de turbans roses, les femmes avaient les cheveux tressés et flottant sur leurs épaules; quant aux enfants, ils étaient presque nus. L'extérieur de cette troupe annonçait l'indigence et ressemblait à celui des Bohémiens que l'on rencontre quelquefois en Europe.

Un petit sifflement fit revenir les chèvres éparses, et les femmes commencèrent à les traire, tandis que les enfants chassaient devant eux les petits chevaux de la troupe et recueillaient çà et là les bois secs étendus sur le sol.

— Ce sont des Gypseys, dit John; nous leur devons une visite.

— Prenons garde, dit en souriant M. Wilson, qu'ils ne viennent en faire une à nos provisions, mes amis; faites-leur porter ces restes de votre repas, car je n'ose pas dire du mien, n'y ayant pas touché du bout des lèvres... Je voudrais bien savoir ce que penserait le docteur Ript de ce régime?...

— Il est prescrit par un Hindou, dit William en souriant, je doute fort qu'il l'approuvât.

— Ma foi, reprit M. Wilson, j'ai été un instant de l'avis que je suppose que me donnerait le docteur, si nous l'avions ici.

— C'est-à-dire, mon père, que vous avez pensé qu'il faut mettre de bonne huile dans la lampe pour être bien éclairé, comme le dit le docteur.

— Cette sentence du cher docteur m'est réellement revenue à la mémoire, répondit gaîment le malade.

— Et vous auriez cédé à la tentation, Monsieur, si notre docteur à la peau bronzée n'y eût mis son veto, comme un tribun romain?

— Ou, pour trouver une comparaison plus récente, et que j'ai retenue de la lecture de ce fou de Cervantes : Si le médecin n'eût étendu sa baguette sur le mets convoité.

— Allons, William, votre comparaison pèche de toute manière ; mon père n'est certainement pas le gouverneur de l'île en Terre-Ferme dont parle le romancier espagnol.

— God-dam ! dit M Wilson, vous me faites comprendre aujourd'hui le tourment que dut éprouver l'écuyer du chevalier à la triste figure ; le pauvre diable dut souffrir le supplice de Tantale, lui qui avait faim et que la fièvre ne travaillait pas depuis longtemps. Mais nous oublions ces malheureux qui sont là-bas : faites-leur porter ces restes, et recommandez de veiller sur la vaisselle. Elle était en argenterie plate.

— Pour plus de sûreté, dit John, nous accompagnerons les porteurs, et nous jouirons d'un spectacle que nous n'avons point encore vu ; si vous le permettez, toutefois, mon père ?

— Allez, mes amis, nous voyageons, vous pour voir et pour vous instruire, et moi pour un but plus enviable, la santé.

Dites à mon hippocrate de venir causer avec moi ; la confiance qu'il commence à m'inspirer me rendra son entretien doublement profitable.

V. — VISITE AU CAMPEMENT DES GYPSEYS.

Les deux jeunes hommes, accompagnés de six vigoureux Hindous, chargés de plats composés en partie de riz arrangé de plusieurs manières, descendirent vers le campement des Bohémiens.

Dès que ceux-ci les aperçurent, il y eut un remuement général dans la troupe : hommes, femmes et enfants accoururent pêle-mêle, en faisant des sauts et des gambades et tendant la main.

A la vue des mets dont ils comprirent la destination, ils poussèrent des cris bruyants de joie, qui cessèrent tout-à-coup quand un vieillard, orné d'une longue barbe blanche, leur eut imposé le silence de la voix et de la main. Les Bohémiens, à qui il adressa quelques paroles en hindoustan, langue que parlent ces nomades, se reculèrent de quelques pas, et laissèrent le vieillard s'avancer seul. D'un regard rapide il reconnut que les deux jeunes hommes étaient étrangers à l'Inde, et appartenaient à une caste supérieure au reste de la troupe ; ce fut à eux qu'il s'adressa en croisant les bras sur la poitrine. Mais les Anglais, n'entendant point la langue dans laquelle il leur parlait, firent approcher un Hindou qui leur servit d'interprète. Ce qu'il leur disait n'était autre chose qu'un de ces compliments banals dont les basses classes de l'Inde saluent ceux qui sont plus élevés qu'eux dans l'ordre social.

Lorsqu'on l'eut assuré que les provisions lui étaient envoyées par des voyageurs anglais, pour qu'il les distribuât à sa famille, il leva les mains dessus sa tête, puis se prosterna devant eux en murmurant des paroles qu'ils purent prendre pour des remercîments ou des prières.

La troupe paraissait affamée et fut en un instant autour des Hindous porteurs des aliments. Le vieillard, qui était sans doute ou le père ou le chef de cette troupe, rétablit de nouveau l'ordre et fit un partage équitable entre tous les membres de sa petite tribu.

Au fur et à mesure que les plats étaient vidés, les serviteurs hindous, ainsi qu'ils en avaient reçu l'ordre, les enlevaient et les mettaient dans une corbeille ; malgré toute leur vigilance, un plat fut dérobé par une vieille femme; mais William l'avait vue commettre ce larcin et remarqué qu'elle l'avait caché sous la natte grossière sur laquelle elle était assise ; il fit semblant de n'avoir rien vu, mais ne perdit pas de vue les mouvements de la voleuse... Celle-ci le passa avec les pieds, dont les Indiens se servent comme de leurs mains, sous un enfant de huit à neuf ans, qui à son tour le reprit entre les doigts de ses pieds, sans que ses mains cessassent de porter des aliments à sa bouche, et le mit dans une touffe de broussailles où il le cacha comme s'il eût employé les mains à cette affaire.

Quand le plat fut réclamé, le chef parut surpris, parcourut sa troupe d'un regard irrité, puis la fit lever, secouer les nattes; mais, comme on doit le croire, le plat ne se trouvait point. Alors, s'approchant une seconde fois des Anglais, il se jeta à leurs genoux et fit un discours où brillait tantôt de l'indignation, tantôt de la douleur. La troupe avait un tel air de candeur et d'innocence, que les Anglais auraient probablement laissé tomber les soupçons sur leurs serviteurs, s'ils n'avaient eu connaissance du vol.

William, qui savait combien ces sortes de gens sont ignorants et superstitieux, avait une petite boussole ; il fit prévenir les Bohémiens qu'il allait découvrir le lieu où le plat était placé ; puis se plaçant de manière que la touffe de broussailles fût dans la direction du nord, il fit signe au chef de s'approcher : celui-ci, prévenu que l'aiguille se tournerait du côté du plat volé, parut attendre avec impassibilité le résultat de l'expérience.

William découvrit la boussole, qui oscilla quelques secondes, puis s'arrêta dans la direction du plat. John, qui était attentif à tous ses mouvements, s'était insensiblement approché du buisson, et, sur un signe de William, en retira le plat.

Il serait impossible d'exprimer la stupéfaction qui frappa ces voleurs nomades; mais elle redoubla au point de les frapper d'épouvante quand John, ayant averti le chef de faire ranger les siens sur une ligne, et qu'il était sûr que son ami allait faire indiquer le voleur... il était facile de se mettre dans une position qui aurait celle de la voleuse au nord; l'aiguille la désigna donc, et William l'indiqua du doigt. Au même instant il se passa un fait qui faillit compromettre la gravité anglaise : le second voleur, voyant la vieille signalée, bondit comme un chevreuil et s'enfuit à toutes jambes vers un massif d'arbres.

— Dites à ce malheureux de se retirer de notre présence, s'écria John en grossissant la voix. Jamais ordre ne fut plus rapidement, plus promptement exécuté. Une heure après, le campement bohémien avait disparu derrière les arbres, et les Anglais égayaient le malade du récit de cette visite au campement nomade.

Le vieillard avait écouté le récit des deux jeunes gens. Son visage avait exprimé un peu de mécontentement ; William s'en aperçut et lui en demanda la cause.

— Il ne m'appartient pas, répondit-il avec humilité, de me permettre de censurer la conduite de ceux qui sont plus haut placés que moi sur cette terre. Mais la vérité me défend de dire que j'ai approuvé la petite ruse employée pour reprendre ce qui vous appartenait. Il eût mieux valu, puisque vous aviez découvert le larcin, démasquer franchement les coupables ; pour vous amuser, vous avez donné un préjugé de plus à de malheureux ignorants qui en ont déjà trop. Il se sont retirés, persuadés qu'il y avait des hommes armés d'un pouvoir presque divin. Voilà ce que je n'oserais approuver... J'ai dit... Pardonnez à ma hardiesse.

Les Anglais se regardèrent avec étonnement ; ce langage dans la bouche d'un homme appartenant à une population qu'ils étaient habitués à regarder avec mépris, leur parut effectivement plus que hardi ; mais, sans qu'ils s'en rendissent compte, la droiture de son caractère, son humilité si digne, et ce je ne sais quoi qui impose toujours, commandaient leur respect ; d'ailleurs n'était-il pas le seul qui eût relevé leurs espérances qui s'étaient déjà accrues, et auxquelles leur affection pour M. Wilson leur faisait attacher un si grand prix. Ils gardèrent un silence grave, mais non indigné. Comprenaient-ils la délicatesse et la véracité du vieillard, ou, ce qui est probable, virent-ils leur conduite avec l'indulgence du jeune âge ?

Le voyage se continua. Vers le soir ils allèrent établir leur petit camp dans le voisinage d'un fort joli village dont les habitations, quoique simples, annonçaient cependant l'aisance et l'activité du travail. Autour de chaque habitation se trouvaient des volailles, des jardins garnis d'arbres fruitiers ; on voyait dans les pâturages environnants des troupeaux, des hommes cultivant la terre, et, devant chaque maison, les femmes occupées de divers travaux, surtout de filature. Les enfants jetaient une plus active animation par leurs jeux et par leurs cris sur ce spectacle champêtre.

Les Anglais furent reçus avec empressement et respect ; la domination de la compagnie des Indes est impérieuse et exigeante, et les Hindous, comme tous les peuples vaincus, sont humbles et empressés. Aux mœurs patriarcales primitives, le despotisme le plus absolu succéda dans ces riches contrées. Ce despotisme, au lieu de trouver un contrepoids, un tempérament dans la religion, fut sanctionné par les bhramines, prêtres de la religion désignée sous le nom de bhramanisme, qui est loin de renfermer des préceptes d'humanité grands comme ceux du christianisme, qui rappellent aux hommes qu'ils sont tous descendus d'une seule famille, tous les enfants de Dieu ; les prêtres de Bhrama divisèrent les hommes en castes et établirent entre elles des lignes de démarcation telles, qu'il ne fut pas possible aux castes de se mélanger, et que l'immobilité pesa sur tous les sectateurs de Bhrama.

Le vieil Indien, avec une sagesse qui prouvait qu'il avait observé et étudié la nature de l'homme, avait tracé son itinéraire de telle sorte que son malade fût livré à des sensations douces, respirât un air pur. Voilà pourquoi, vu la connaissance qu'il avait de ces contrées, il avait choisi de préférence les parties qui se rapprochent du petit pays encore occupé par les Français. Il avait aussi un autre but, mais qui lui était personnel : à Chandernagor, possession française, se trouvait une église catholique, et c'était dans cette ville que résidait le missionnaire qui l'avait consolé aux jours de son désespoir et converti à la religion chrétienne ; il voulait le revoir avant de mourir.

M. Wilson était retiré dans son palanquin, qui réunissait plus de commodités et de confortable que la meilleure habitation du village, et les gens de sa suite se préparaient à se livrer au repos, lorsqu'on entendit un grand bruit de tambours et des cris discordants dans le village voisin. Nos voyageurs furent aussitôt sur pied et envoyèrent reconnaître la cause de ce tintamarre ; elle leur fut bientôt connue : une bande d'étrangleurs avait été s'aventurer jusque dans le voisinage de la capitale, et avait commis déjà plusieurs meurtres suivis de vol. Selon la coutume, la renommée avait tellement exagéré ses récits, que dans tous les villages où ils avaient circulé, on donnait le signal de l'alerte. Le chef du village fit prévenir les Anglais et les engagea à transporter leur petit camp dans le voisinage de la pagode.

Les Anglais firent remercier le chef de la bourgade de ses avis et de son offre, et le rassurèrent au sujet de bruits qu'ils regardaient comme exagérés, s'ils avaient quelque fondement. Cependant, comme l'alarme était donnée, on prit des précautions pour la nuit, et chacun songea à profiter de la fraîcheur pour se livrer au repos.

La soirée était belle, comme toutes les soirées de ces contrées, excepté durant la saison des pluies.

John et William se trouvaient auprès de M. Wilson, dont l'humeur avait éprouvé déjà de notables améliorations; comme c'est l'usage, la conversation roula sur les bruits répandus dans le village et ensuite dans le campement.

— J'ai quelquefois entendu parler de ces bandes de brigands, dit M. Wilson; mais j'ignore d'où ils viennent et comment ils opèrent. Je crois qu'on les nomme étrangleurs, et dans la langue du pays, thaugs.

— Notre docteur, dit à son tour William, pourrait nous renseigner à ce sujet et nous faire une de ces histoires que l'on écoute avec plaisir sous la tente entr'ouverte qui laisse les regards errer à travers ces nombreuses étoiles, dont l'éclat est ce soir si si resplendissant.

— Si cela peut plaire à mon père, dit John, nous ferons venir l'Hindou et nous courrons les risques d'entendre une nouvelle critique.

— Ne parlez pas ainsi, John; quoique ce vieillard n'ait pas osé vous exprimer toute sa pensée, il n'en est pas moins vrai qu'elle avait un grand caractère de vérité : nous devons lui savoir gré de ne pas l'avoir enveloppée du voile de l'allégorie, à l'exemple de Lockmani, que l'on dit, je crois, avoir été un enfant de l'Inde.

— Pourquoi lui saurions-nous gré de ne pas s'être drapé dans les voiles de l'allégorie, M. Wilson?

— Pourquoi? mon cher William; parce que l'allégorie permet d'exprimer ce qu'on n'oserait dire sans voile. Vous savez que nous ne passons pas pour des saints aux yeux des Hindous?

— Mais, mon père, notre petite ruse ne pouvait

pas fournir à ce vieillard un sujet mordant d'allégorie ?

— Vous le croyez, John, et vous êtes dans l'erreur, mon ami ; en effet, celui qui profite de ses lumières pour induire l'ignorant en erreur, même pour une chose si peu importante que celle dont il s'agissait, pourrait être, dans une fable, représenté comme abusant de sa supériorité intellectuelle pour abuser un grand peuple, de la supériorité des armes et de la discipline militaire pour l'asservir, quoique ce soit l'histoire de beaucoup de peuples conquérants ; il n'en est pas moins certain qu'on n'aimerait pas à entendre de pareilles choses, quoiqu'elles soient des vérités.

— Je crois, dit John en riant, que ce docteur sans diplôme fera une conversion en votre personne...

— Je désire qu'il convertisse auparavant ma triste santé en santé comme la vôtre, mon cher John, et je ne lui demanderai, pas plus que je ne la lui ai demandée, l'exhibition de son diplôme. Mais veuillez donc aller voir s'il serait disposé à nous raconter quelque terrible aventure des thaugs. Je me sens mieux, peu disposé au sommeil, ce récit rendra plus courte une nuit commencée au son des tambours et aux cris discordants des Hindous, nos bons voisins.

VI. — LES ÉTRANGLEURS.

Quand on demanda au vieil Hindou de faire connaître tout ce qu'il pouvait savoir de la secte des thaugs ou étrangleurs, une pâleur subite laissa son visage bronzé presque sans couleurs : le frémissement de ses lèvres dénota une émotion profonde. Les trois Anglais se regardèrent avec surprise et attendirent la réponse du vieillard...

Ce ne fut que peu d'instants après qu'il put parler.

— Vous venez de me rappeler une des circonstances les plus douloureuses de ma vie, et dont je voudrais le souvenir effacé de ma mémoire; les bruits répandus m'avaient déjà tristement impressionné. Oui, je connais cette association abominable, et, si vous avez assez d'indulgence pour écouter mon récit, j'aurai le courage de le faire jusqu'au bout.

Ce début ne fit qu'éveiller la curiosité des Anglais, qui se montrèrent disposés à l'écouter avec intérêt.

— Il y a environ quarante ans, après un mariage heureux qui m'avait donné deux fils, j'étais au service d'un riche banquier hindou, qui envoya deux de ses agents à la célèbre foire de Herdouar (haridvara, porte de Vichenou); cette ville est située sur la limite du Gherval, terre sainte de mes compatriotes. C'est au pied des terrasses inférieures de l'Himalaya, du bas d'une montagne escarpée, que le Gange perce et pénètre dans l'Hindoustan.

Les merveilles que j'avais entendu raconter de cette ville, la sainteté de ces lieux baignés par le fleuve sacré, me firent regarder le choix que l'on fit de moi pour accompagner les agents du banquier comme une faveur insigne; mes deux fils, quoique fort jeunes, furent aussi admis dans l'escorte, où le frère de mon épouse servait en qualité de cornac. Le voyage se fit heureusement, et nous arrivâmes avec de riches marchandises à Herdouar, à l'époque où l'on y accourt de toutes les parties de l'Asie, plus pour y traiter d'affaires commerciales que par dévotion, car l'Hindou ne néglige jamais ses intérêts mercantiles.

Sur la lisière septentrionale d'une forêt s'élève la ville sainte. De grands édifices, de jolis temples, élevés les premiers par des hommes pieux à l'usage des pèlerins, donnent à cette ville un aspect flatteur et aussi pittoresque que les plus jolies villes que mes yeux aient admirées. Tous ces édifices, ces pagodes, reflétés par les eaux du fleuve sacré, semblent une ville flottante qu'emporte un cours rapide et qui se reproduit sans cesse.

Nos premiers moments furent consacrés aux ablutions... « De larges escaliers, taillés dans le roc vif, » conduisent au Gange. De chaque tourelle qui ac- » compagne les édifices ornés de peintures fantasti- » ques, descend un de ces escaliers jusque sur la rive » du fleuve. »

Le lieu désigné par le bain sanctifiant est au pied du Kirki-Pari, qui s'avance de la montagne vers le fleuve.

Autrefois on n'y arrivait que par un escalier où quatre pèlerins seulement pouvaient y descendre de front. L'empressement des pèlerins à se rendre au bain sacré était tel, qu'un grand nombre périssaient étouffés par la foule. Une année, quatre cent trente Hindous furent étouffés par la pression de la foule, et plusieurs Cipayes anglais, placés pour maintenir l'ordre, périrent aussi étouffés. Pour prévenir d'aussi grands malheurs, la Compagnie des Indes a fait élargir la rue qui conduit au fleuve, et construire un quai spacieux dominé par un escalier de la même dimension.

La cérémonie se borne à une simple immersion dans les eaux du fleuves. Voici comment cette immersion se pratique ·

A cette époque, les eaux du fleuve n'ont pas plus de quatre pieds de profondeur. Les pèlerins des deux sexes se plongent pêle-mêle dans ces eaux. Le recueillement des Hindous en se baignant est profond. L'enthousiasme religieux qu'ils éprouvent dans les eaux du fleuve sacré offre un contraste frappant avec la tranquillité et l'indifférence des Européens qui assistent à cette scène, si étrange pour eux.

Les personnes pieuses qui veulent accomplir rigidement l'oblation se font accompagner par deux brahmanes qui, après avoir trempé le pénitent dans l'eau, le reconduisent au rivage.

Dès la fin de mars, époque où les chemins sont libres, on les voit couverts de milliers de voyageurs; les uns à pied, et c'est le plus grand nombre ; les autres montés sur des éléphants, des chevaux, des bœufs, des chameaux, beaucoup encore conduisent des bêtes de somme chargées de ballots de marchandises. Tout l'Hindoustan fournit son contingent à ce concours, dont on évalue le nombre à plus de trois cent mille personnes chaque année.

Mais le concours qui se réunit de douze en douze ans est infiniment plus considérable, puisqu'on le porte à plus d'un million d'hommes.

Mais je crains de fatiguer votre attention, dit le vieillard; vous m'avez demandé des renseignements sur l'association des thaugs, et je vous donne des détails étrangers à ce sujet.

— Continuez, dit M. Wilson avec bienveillance, et ne craignez point que notre attention se fatigue de vous entendre. Je voudrais bien savoir quel rôle important jouent les brahmanes au milieu de ce concours ?

Le vieillard reprit son récit : — Les brahmanes sont les personnages les plus considérables de cet immense concours ; ils recueillent les contributions des fidèles ; mais ils n'exercent aucune fonction particulière. Ils dominent au sein de cette multitude confuse avec la même autorité que dans le reste de l'Hindoustan, où ils ne se trouvent point en présence de l'autorité de la Compagnie.

Lorsque nous eûmes satisfait à nos dévotions, le commerce occupa tout notre temps. Mais il faut quelques heures avant d'être en état de réfléchir : le cri plaintif du chameau, la voix puissante de l'éléphant, le mugissement des bœufs, le hennissement des chevaux, le rugissement des lions, des tigres et des autres bêtes féroces offertes aux regards des curieux ; les ricanements des singes, le cri aigu et perçant des oiseaux de proie, le ramage des perroquets, les notes discordantes des musiciens ambulants, mêlés aux conversations, aux vociférations de la multitude et aux sons assourdissants des conques que font retentir les brahmanes, occasionnent les bruits les plus étranges, les plus assourdissants qu'il soit possible d'entendre ailleurs qu'à la foire d'Herdouar.

— Vous nous avez dénombré toutes les bêtes féroces que produisent l'Hindoustan et les contrées voisines, dit William ; comment maintient-on ces farouches habitants des forêts, que tout ce vacarme infernal doit rendre furieux ?

— Avec des cordes attachées à des piquets, répondit-il; c'est à chacun de s'en garer en ne passant point à la portée de leurs griffes. J'ai vu un tigre éventrer un cheval que tout ce bruit avait rendu fou. On jeta l'animal déchargé à la bête féroce, et les spectateurs s'arrêtèrent à peine pour voir le tigre le dévorer.

Je fus témoin d'un autre spectacle dont les bêtes féroces n'étaient pas les acteurs. Comme toutes les autres religions, le brahmanisme est divisé en sectes; or, le jour de la grande immersion, chaque secte, conduite par des religieux mendiants, disputait aux autres, à coups de bâtons et de massues, le passage qui conduit au fleuve: le sang coula; on compta beaucoup de morts, un plus grand nombre d'estropiés, et les abords du fleuve restèrent aux plus forts, jusqu'à ce qu'ils eussent accompli leur grande ablution.

— Les choses ne se passent plus ainsi, dit monsieur Wilson; les précautions prises par la Compagnie anglaise ont prévenu les tumultes, les luttes et l'effusion du sang, au grand étonnement des Hindous, qui croyaient impossible de mettre de l'ordre dans une pareille multitude.

— Que Dieu les récompense pour ce qu'ils ont fait dans le but d'épargner la vie des hommes, dit mélancoliquement le vieillard. Le reste de sa pensée ne se fit pas jour, car il eût sans doute ajouté : Avec moins de rapacité ils pourraient faire régner l'ordre dans tout l'Hindoustan.

— Les agents du banquier au service duquel je me trouvais s'étaient si activement employés aux affaires de leur patron, que nous pûmes nous mettre en route pour le retour quelques jours avant l'époque fixée. Nous faisions une petite troupe assez respectable; aussi étions-nous sans inquiétude. La veille du départ, deux Hindous de l'Inde méridionale, ayant tout l'extérieur de l'aisance, vinrent demander aux agents de leur permettre de se joindre à nous jusqu'à un certain lieu qu'ils désignèrent. Le motif de cette demande était que, se trouvant seuls avec une somme considérable, ils craignaient de faire une mauvaise rencontre, tandis qu'en notre société ils se croiraient en sûreté. Leur proposition fut accueillie, et le jour suivant ils se mirent en route avec nous. Par leurs manières aisées, leur complaisance, et surtout les aventures qu'ils racontaient aux agents, ils gagnèrent si bien leur amitié que, dès le second jour du voyage, la plus entière confiance régna entre eux, du moins du côté des agents. Souvent, le long de la route, ils les faisaient s'écarter un peu de la petite caravane pour les conduire à quelques pagodes ou à des lieux réputés saints. Vous connaissez la dévote crédulité des Indiens. Le frère de ma femme, qui conduisait l'éléphant chargé des bagages les plus précieux, du siége élevé qu'il occupait, crut remarquer entre ces deux étrangers des signes d'intelligence qui lui parurent suspects : il me communiqua ses soupçons; mais je ne les trouvai pas assez fondés pour en faire part aux agents. Cependant, la première fois qu'ils firent s'écarter les deux chefs de la caravane, j'ordonnai à mes deux fils de les suivre à distance et de bien les surveiller. Mes fils me rapportèrent qu'ils étaient allés à une pagode ruinée, et qu'ils les avaient vus y faire des prières avec une très grande dévotion. Ces retards rendaient notre marche plus lente, et, au lieu d'arriver dans le voisinage des lieux habités pour y passer la nuit, nous fûmes obligés de faire halte dans une gorge profonde, entourée d'arbres épais et traversée par un ruisseau qui devait être salutaire pour les hommes et les bêtes. — Ces passages sont dangereux, dirent les deux étrangers aux agents : ils passent pour être fréquentés par les Bilhs, espèce de brigands très dangereuse ; mais, en faisant bonne garde, nous n'aurons rien à redouter d'eux. Ils indiquèrent les mesures à prendre, et la troupe fut partagée en deux bandes, qui devaient se relever dans la surveillance de nuit... Chaque agent avait avec lui un des deux étrangers. Moïkab, mon beau-frère, vint une seconde fois me communiquer ses soupçons; je fus assez aveugle pour les traiter de chimériques, et j'allai remplir mes occupations sans concevoir la moindre inquiétude.

On avait attaché l'éléphant par un des pieds de derrière, au milieu d'un massif d'arbres dont il pouvait atteindre les feuillages; les autres animaux furent aussi attachés à quelque distance à des piquets ; notre campement se trouvait au centre. Moïkab avait retenu mes deux fils auprès de lui, il devait dormir à côté de l'éléphant ; en agissant ainsi, il avait une intention, c'était de laisser les deux enfants garder l'éléphant, avec lequel ils s'étaient familiarisés, et d'obéir à ses soupçons en surveillant les étrangers.

Tout paraissait tranquille autour de nous : la nuit était douce, l'air transparent ; les objets pouvaient se distinguer à une certaine distance; j'étais étendu sur une natte à l'entrée de la tente et ne pouvais me livrer au sommeil; la tente la plus élevée, où devaient se tenir ceux de la caravane dont le soin était de veiller, sembla s'agiter légèrement. Un des agents et un des étrangers s'y tenaient, et les hommes de garde se trouvaient accroupis à l'entrée. Mon attention, attirée par cette observation, se fixa sur les plis de la tente, et je distinguai parfaitement une tête humaine qui sortait entre le bas de la tente et le sol; puis un corps entier se traîna doucement au-dehors. Je me levai sans bruit; mais, au même instant, je vis un homme debout en face d'un autre homme qui semblait sortir de terre. Le premier fit un mouvement circulaire de la main droite, puis, bondissant en avant, il entraîna le second, qui chancela un instant et tomba ensuite lourdement à terre. Je poussai un cri, me lançai vers le lieu de cette lutte, un large poignard à la main. A peine avais-je fait quelques pas que je sentis un lacet tomber sur mon turban, puis sur mes épaules : un des deux hommes, celui que j'avais vu renverser l'autre, se trouvait à deux pas de moi... d'un coup de poignard je coupai le fatal filet qui déjà me serrait la gorge, et me précipitai sur l'agresseur. Il avait disparu dans les broussailles, et j'entendis un râlement à peu de distance de la tente; j'y courus, et le corps que je relevai de terre était celui de Moïkab, mon beau-frère. Mes cris attirèrent les autres gardes; ils s'empressèrent autour de lui et se mirent à crier : Les étrangleurs! les thaugs!...

On se rassemble les uns contre les autres, ne sachant que faire, et dans une trépidation irréfléchie, chacun crie, appelle. L'agent ne sort pas de la tente. On y entre : son corps était étendu sur une natte; il avait été étranglé, et les papiers de valeur enlevés avec sa ceinture. Un nouveau cri attira mon attention tout entière, absorbée par les soins que je donnais à Moïkab, qui respirait encore. Je cours vers le lieu d'où le cri était parti ; c'était dans le petit massif auprès duquel l'éléphant était attaché. Cette bête intelligente frappait la terre de ses pieds, et rendait une espèce de rugissement. Je vis deux corps étendus l'un à côté de l'autre ; ces corps étaient ceux de mes enfants...

Le pauvre vieillard se couvrit le visage de ses mains, et des larmes descendirent sur sa longue barbe blanche... Il lui fut impossible de continuer.

Respectant sa douleur, les Anglais gardèrent le silence, émus d'un récit aussi déchirant et de la désolation légitime d'un père.

Voici la fin du récit du vieil Hindou : — L'autre agent avait aussi été étranglé et volé, et deux chevaux de main emmenés. Notre consternation fut telle, continua le vieillard, que nous nous attendions tous à voir tomber sur nous une bande de thaugs et à périr par étranglement. Je ne sais ce qui fut fait ; mes idées étaient confuses : je palpais les corps encore chauds de mes fils ; je les soulevais, ils retombaient à terre... Oh ! ce spectacle est encore sous mes yeux !

Le matin, je me trouvai placé sur le dos de l'éléphant, entouré des ballots, car il m'eût été impossible de me soutenir. Le corps de Moïkab et ceux de mes enfants étaient transportés sur un chameau, d'abord à la file de la caravane ; mais l'éléphant qui ouvrait la marche ayant refusé de s'éloigner, on avait été contraint de faire marcher le chameau à côté de lui ; pour dérober ce spectacle à mes yeux, les toiles de la tente recouvraient les corps et pendaient jusqu'à terre. L'épaisseur du tissu ne dissimulait pas entièrement les formes des corps ; je compris et m'élançai de mon siége, où je fus immédiatement rejeté par la trompe de l'éléphant.

Une autre douleur, que dis-je ? un autre malheur m'attendait à mon retour. La putréfaction qui s'était emparée des corps força mes compagnons de les enfouir dans la terre, dans un lieu désert, sous mes yeux ; je ne sais comment je ne pus mourir.

Je revins donc seul à Calcutta, où mon épouse m'attendait, ignorant la terrible nouvelle qu'elle allait apprendre. A ma vue elle s'arrêta immobile ; mes joues étaient desséchées, mes yeux enfoncés sous leur orbite. Les enfants ! me dit-elle, comme si un funeste pressentiment l'avertissait de sa perte. Je n'osai parler... Mes enfants ! mes enfants ! s'écria-t-elle avec violence... Qu'avez-vous fait de mes enfants ?... Je me laissai tomber sur le sol et je ne pus répondre que par des sanglots.

Prompte comme l'éclair, la malheureuse mère bondit hors de notre demeure, en poussant des cris au milieu desquels on distinguait ces mots : Il n'a pas su protéger ses enfants... Le lendemain, j'appris qu'elle s'était jetée dans le Hougly, où elle avait trouvé un terme à sa douleur maternelle.

Il eut besoin de suspendre son récit quelques instants, puis il ajouta d'une voix encore tremblante : Ce fut dans ces jours funestes que je reçus les soins et les consolations du missionnaire français qui m'arracha au désespoir en rattachant mes espérances à une vie immortelle, où je retrouverais les miens.

C'est depuis cette époque que je suis chrétien.

VII. — SÉPARATION.

M. Wilson se trouvait si bien du régime prescrit par le vieil Indien, qu'il avait renoncé, depuis plusieurs jours, au palanquin, préférant continuer son voyage à cheval et à plus petites journées. Ils allaient entrer sur le peu de possessions qui restent encore à la France dans les Indes Orientales, et se proposaient de visiter la jolie petite ville de Chandernagor, où le vieil Indien montrait le plus vif désir de se rendre.

La France et l'Angleterre étant alors en paix, ils purent continuer leur voyage sans obstacles, et arrivèrent le troisième jour en vue de la ville, après avoir traversé des campagnes bien cultivées, parsemées de riches pâturages, où paissaient des troupeaux nombreux.

— Remarquez-vous, mes amis, dit M. Wilson aux deux jeunes hommes, une différence très sensible entre les sujets français et les sujets anglais? Je ne sais si c'est prévention de ma part, mais je trouve dans l'habitant de la campagne une tournure plus indépendante, et moins de gravité que dans les sujets de la Compagnie. Il y a plus de recherche pour les vêtements; grand nombre de maisons rustiques ont la prétention de viser à une élégance déplacée?

— C'est vrai, Monsieur, dit William, je remarque surtout cette prétention dans le costume des femmes.

— Le caractère de la métropole a déteint sur la toute petite colonie, dit John avec gaîté. Je ne sais pas si la ville de Chandernagor nous offrira en petit les manières de la capitale de la France. Ce serait curieux.

En entrant dans la ville, ils furent frappés de l'air de propreté qui y régnait, de ses rues mieux alignées que celles des autres villes de l'Hindoustan. Si l'aspect extérieur offre un coup d'œil agréable, l'intérieur ne change point cette impression, et, malgré leurs préjugés nationaux, les Anglais convinrent que si cette ville n'était pas considérable, elle était au moins fort jolie, fort propre. Mais, habitués qu'ils étaient au mouvement et à l'activité des villes soumises à la Compagnie, dans les districts ouverts au commerce, ils remarquèrent qu'il y avait peu d'activité à Chandernagor, et trouvèrent encore l'occasion de critiquer le caractère de la nation française.

Les environs de Chandernagor présentent, plus agglomérées que dans la plupart des autres contrées de l'Hindoustan, des villes qui ont un air de prospérité qui fait plaisir à voir. Les champs sont soigneusement cultivés, les prairies bien garnies de troupeaux, et, ce qui annonce une vie plus abondante, plus délicate, les basses-cours et les jardins prouvent que les habitants jouissent d'une partie des aises de la vie.

Les pagodes sont nombreuses, bien entretenues, car l'Hindou met à honneur d'employer son superflu à l'entretien et à l'embellissement de ses pagodes. Dans l'intérieur de la ville se trouve une jolie petite église catholique entretenue avec un soin, une espèce de luxe qui prouvent l'attachement des fidèles à la religion qu'ils ont embrassée. Si la caste des brahmanes ne jouissait pas de richesses considérables, n'entretenait pas les honteuses superstitions des indigènes, le catholicisme ferait de grands progrès dans cette colonie; mais, ni la pureté des mœurs, ni la piété exemplaire des catholiques, ne peuvent presque rien contre des préjugés enracinés depuis des siècles, soigneusement entretenus par les brahmanes.

Il viendra cependant un jour où les lumières du christianisme éclaireront ces populations si douces, si paisibles, et auxquelles Dieu n'a pas refusé une haute dose d'intelligence. La classification en castes est le plus grand obstacle à les faire sortir de cet engourdissement que l'Hindou ne secoue que lorsqu'il s'agit de ses intérêts matériels. Qu'une révolution, et les révolutions sont fréquentes en Orient, vienne et mette à la tête de ces populations un homme supérieur, certes, après la pacification, se trouvant en face de la domination immobile des brahmanes, il la brisera ou en sera brisé. Cette dernière hypothèse est la moins probable.

Depuis qu'ils étaient à Chandernagor, les Anglais n'avaient presque plus revu leur vieil Hindou; il avait retrouvé, dans une vieillesse très avancée, le bon missionnaire qui, aux jours de désespoir, avait relevé son courage abattu et l'avait rattaché à la vie. Quoique déjà fort vieux, cet excellent prêtre jouissait d'une santé aussi prospère qu'on peut l'espérer à son âge, mais il ne pouvait plus quitter son appartement, par conséquent se livrer aux travaux apostoliques; il conservait l'usage de ses facultés intellectuelles et les employait à rédiger des mémoires instructifs pour les missionnaires catholiques qui se rendent dans l'Hindoustan.

L'entrevue de ces deux hommes, qui ne s'étaient

pas revus depuis tant d'années, du bienfaiteur et de l'obligé, fut réellement touchante. Pour l'un revivait un passé de bonnes œuvres que couronnait une vieillesse paisible et heureuse ; pour l'autre, des souvenirs déchirants, une vie arrachée au désespoir et rendue depuis heureuse, pleine de saintes espérances, et consacrée au soulagement des malheureux.

Ces deux hommes avaient puisé leur bonheur, le calme de leur âme, leurs espérances d'un avenir sans fin, à la même source, à la source de la religion du Christ.

Dès le premier jour, le sort du vieil Hindou fut fixé. Il ne devait plus se séparer de celui qu'il nommait son sauveur : Je lui rendrai par mes soins, se dit-il, la reconnaissance que je lui dois, non pas tant pour m'avoir conservé la vie que pour m'avoir appris à la remplir dignement en me rendant digne d'une vie future plus heureuse et sans fin. Les Anglais avaient passé un jour entier sans le revoir et rentraient d'une petite excursion faite dans les environs de la ville, lorsqu'ils trouvèrent l'Hindou, qui les attendait depuis quelques heures.

Son visage calme, quoique toujours mélancolique, avait une expression extraordinaire. Ils en furent frappés tout d'abord.

— Mylord, dit-il à M. Wilson, l'engagement que j'ai pris avec vous est rempli, puisque la santé que j'espérais d'un régime simple, du voyage et de la distraction, se trouve aujourd'hui dans un état tel que mes soins deviennent inutiles. Ma course s'arrêtera ici : j'ai à payer une dette de reconnaissance et à penser au salut de mon âme. L'homme qui me secourut dans mes jours de malheur, qui me soutint, m'éclaira de la vraie lumière, est ici accablé de vieillesse. Je lui dois le reste de vie active que m'accordera la Providence ; je viens donc prendre congé de vous, en vous priant de me pardonner si j'ai eu quelquefois le malheur de vous offenser.

M. Wilson lui répondit, avec une émotion visible, que partageaient les jeunes Anglais : En fixant votre demeure en cette ville, par un noble sentiment de reconnaissance, vous m'ôtez tout espoir de vous retenir plus longtemps auprès de moi, et vous me donnez un exemple que je suis disposé à suivre, de cœur et d'âme. Je vous dois le retour de la santé, ou du moins, ajouta-t-il après avoir jeté les yeux sur ses mains encore un peu décharnées, je vous dois de m'avoir mis sur le sentier qui conduit à la santé ; que puis-je faire qui vous soit agréable, et qui vous prouve ma vive et sincère reconnaissance ?

Le vieillard réfléchit un instant : on voyait qu'il voulait quelque chose et n'osait exprimer son désir.

— Parlez sans hésitation, lui dit M. Wilson ; s'il est en mon pouvoir de vous satisfaire, vous serez satisfait. Vous faut-il une fortune honnête pour passer sans inquiétude le reste de vos jours ?

Le vieillard fit un signe négatif de tête, et peu après dit : Je suis désormais au-dessus de la nécessité. Qu'ai-je besoin d'une fortune que je n'emporterais point dans la tombe ? Puisque vous croyez me devoir quelque chose, à votre retour à Calcutta vous trouverez dans la ville noire bien des misères à soulager, réservez-leur ce que votre générosité croit me devoir ; vous êtes Anglais, votre promesse me suffit.

— Quoi ! rien pour vous, s'écrièrent en même temps les deux jeunes Anglais ?

— Oh ! vous pourriez beaucoup faire pour moi, répondit-il ; mais est-ce à un pauvre vieillard de vous adresser cette prière ?

— Parlez, parlez, lui dirent vivement et en même temps les trois Anglais.

— Eh bien ! que ma prière ne vous paraisse point déplacée, la voici : Vous êtes riches, considérés, les membres de la Compagnie des Indes auront égard à vos conseils... Allez les trouver à votre retour, dites-leur que vous avez parcouru des contrées sur lesquelles la main du ciel a répandu tous les dons ; dites-leur que vous n'avez pas trouvé partout l'aisance et le bonheur que les populations avaient et ont le droit d'attendre de leurs maîtres ; faites-leur comprendre que, si un gouvernement sage et énergique vivifie le pays, une oppression trop tendue l'appauvrit, l'énerve et amène souvent de terribles réactions. Oh ! dites-le-leur, mylord, je vous le demande au nom de l'humanité, au nom du Christ, dont la douceur et les principes salutaires ont changé la face de l'Europe ; dites-le-leur, ajouta-t-il avec animation, car je n'ose sans frémir jeter les yeux sur l'avenir !

En prononçant ces dernières paroles, la face bronzée du vieillard s'était pour ainsi dire illuminée ; son accent triste avait cependant quelque chose d'impératif qui impressionna les Anglais. M. Wilson se leva, et, saisissant la main du vieillard, il la pressa avec effusion. — Je le ferai, je le ferai, dit-il, et, à mon retour en Angleterre, mes avis arriveront aux oreilles des ministres de S. M. britannique.

— Et nous trouverons des échos, ajoutèrent les jeunes Anglais.

— La bénédiction de Dieu vous accompagne en

tous lieux, dit le vieillard d'une voix tremblante d'émotion; qu'elle affermisse vos bonnes résolutions; les Hindous béniront vos noms. Adieu, mylord, je me retire le cœur ouvert à l'espérance, adieu; et il sortit si rapidement, que le mouvement des Anglais pour le retenir se trouva inutile.

Restés seuls, les Anglais gardèrent un instant le silence; M. Wilson le rompit : Mes amis, dit-il, nous perdons un cœur bien haut, bien généreux.

— Il est chrétien, dit William.

— Tel que nous devrions être, ajouta M. Wilson.

John, plus jeune, plus attaché aux biens matériels que son père, qui avait appris, dans ses entretiens avec le vieil Hindou, que le vrai bonheur n'en dépend pas; John, imbu de la morgue britannique, qui croit que les services peuvent se récompenser amplement avec l'or, dit à son père : Je pense, Monsieur, que malgré le refus de ce vieillard, vous ne laisserez pas ses services sans récompense; car nous pouvons, dès à présent, regarder nos avis, même les plus utiles, comme nuls et non avenus, non-seulement auprès des membres de la Compagnie, mais aussi auprès des ministres d'Angleterre. La Compagnie possède des droits et des priviléges bien et sûrement garantis.

— Nous ferons ce que nous avons promis de faire, répondit assez froidement M. Wilson; quant à laisser ce vieillard sans récompense, vous devez me connaître, John.

— Mais comment la lui faire accepter? voilà la difficulté.

— Consultez le vénérable prêtre auprès duquel l'Hindou se retire, et il vous mettra à même de payer une de ces dettes qu'un Anglais paye toujours.

Le jour même, M. Wilson, après un entretien avec cet homme respectable, lui laissa une somme assez considérable pour être distribuée en bonnes œuvres dans l'établissement de Chandernagor.

VIII. — LE GOUVERNEUR DE TCHOUNAR.

Quinze jours après, M. Wilson et ses deux compagnons, après avoir passé par Mourche-Sabaot, sur la rive droite d'une des branches du Hougly, traversaient les montagnes qui courent de l'est-nord-est, dans toute la largeur de l'Hindoustan, et, après des fatigues inattendues, mais que M. Wilson supporta bravement, ainsi qu'il se plaisait à le dire, ils descendirent des rampes souvent fort escarpées et entrecoupées de précipices, et atteignirent Gagah, ville antique, mal bâtie et fort laide. Ils résolurent d'y faire un séjour afin de visiter ses grottes creusées dans le granit et ressemblant à de véritables cavernes. Cette ville, d'une population assez considérable, offre, comme beaucoup de villes de l'Hindoustan, deux villes bien distinctes. Celle qui est bâtie dans la plaine et habitée par les mahométans, est nommée Sahebgaughé. Infiniment mieux bâtie que l'autre ville, peuplée d'Hindous, elle possède des manufactures de soierie et de toile de coton, et a un commerce assez actif. Les Anglais s'arrêtèrent dans cette partie de la ville, plus favorable à leurs excursions. Ils se trouvaient logés convenablement chez un marchand arménien qui avait des relations avec Calcutta, et qui possédait des connaissances très étendues sur le pays et ses antiquités.

L'Arménien, encore plus que l'Hindou, s'occupe des affaires lucratives avant tout; aussi leur hôte, malgré sa politesse orientale, ne quitta-t-il point ses occupations pour accompagner les Anglais dans leurs excursions, mais il leur donna pour cicerone un habitant du pays. Celui-ci, comme tous les hommes qui n'ont qu'un savoir superficiel, leur fit un grand étalage de ses connaissances en antiquités du pays. Voyez, leur dit-il, cette caverne spacieuse, elle a été creusée dans le granit par le marteau et le ciseau d'hommes qui vivaient dans l'antiquité la plus reculée. A l'époque où ils vivaient, l'écriture n'était point encore inventée, aussi vous ne voyez ni le long des parois, ni sur ces dômes, conservées aucunes figures mythologiques. Cette caverne et les autres que nous verrons dans le roc sur lequel est construite la vieille ville ont toutes la même forme et servaient de retraites aux premières populations descendues des Hymalayas.

Ces cavernes n'ont de curieux que leur étendue et le travail aussi long que pénible qu'il fallut pour les creuser dans une matière aussi dure que le granit.

Il les conduisit ensuite à l'étang sacré de Vaïtarani, nappe d'eau assez considérable, entourée de rochers tapissés de plantes, et plus loin d'une ceinture de beaux arbres que l'on respecte, parce que la tradition rapporte que le dieu Vichnou s'était arrêté aux bords de cet étang. Sur un rocher des bords de cette nappe d'eau, on montra aux voyageurs l'empreinte du pied sacré, empreinte d'une dimension considérable.

Ces lieux sont visités par des troupes de pèlerins qui se succèdent sans cesse. L'Arménien confirma les dires de leur cicerone, qui élevait le chiffre des pèlerins à plus de cent mille par an.

Les Anglais furent les témoins de cérémonies usitées dans ces pèlerinages. Dès que les pèlerins eurent atteint les bords de l'étang, ils se dépouillèrent jusqu'à la ceinture de leurs habits, s'étendirent à plat ventre sur la terre, se plongèrent, aussi avant qu'ils le purent, dans les eaux. Ceux qui attendaient leur tour attiraient à eux les pèlerins que la suffocation faisait chavirer dans l'étang, car c'eût été un signe de calamité si un seul se fût noyé. La cérémonie de l'ablution terminée, et se trouvant lavé de ses péchés, le pénitent se rendait, avec les signes du plus humble respect, au lieu où se trouvait l'empreinte du pied sacré, et se prosternait à trois pas de distance, restait immobile dans un pieux recueillement, puis se traînait sur les mains et sur les genoux, position qu'il conservait jusqu'à ce que son tour fût venu de toucher l'empreinte, qu'il embrassait avec la plus profonde dévotion.

— Nous vîmes, dit M. Wilson, cette dévotion plusieurs fois troublée par l'impatience de ceux qui attendaient leur tour. Ils arrachaient par les jambes les pèlerins qui donnaient trop carrière à leur adoration.

En revenant d'une de leurs excursions, les Anglais firent la rencontre de plusieurs Hindous que deux Musulmans maltraitaient parce qu'ils n'avaient pas laissé le passage libre à leurs chevaux. Dans ce pays, comme dans tout l'Orient, la raison du plus fort est toujours la meilleure. M. Wilson demanda à leur cicerone si l'habitant du pays était ainsi communément maltraité, et pourquoi les Hindous, beaucoup plus nombreux que les Musulmans, n'avaient fait aucune résistance. Ils appartiennent à la caste des parias, répondit le cicerone, et il leur est défendu de côtoyer ceux des autres castes; ils doivent même s'éloigner quand ils les rencontrent. Ces deux autres hommes, quoique Musulmans, ont cependant le même mépris pour ces malheureux. Ils auraient pu les tuer sans avoir à redouter la vindicte publique.

Les fêtes solennelles de Bénarès, la cité sainte par excellence, approchaient; l'Arménien, qui profitait toujours des grandes réunions d'hommes pour exercer son commerce, se préparait à s'y rendre. Les Anglais usèrent de sa société et se préparèrent aussi à aller visiter cette ville, célèbre entre toutes les villes des Indes.

L'itinéraire de l'Arménien n'était pas en ligne la plus directe vers Bénarès, il avait des affaires importantes à traiter pour les cotons, et la ville de Mirzapour est le marché le plus considérable de l'Hindoustan pour cette marchandise. Mirzapour est une ville grande et riche dont la population est d'environ deux cent cinquante mille âmes. Beaucoup de bateaux de toutes les dimensions sont amarrés à ses quais. Elle frappe les regards des voyageurs par la quantité de ses mosquées et de ses pagodes, des gentilles maisons des Hindous et des jolis bengalôsdes Européens.

Les bâtiments sont aussi nombreux sur la rive opposée.

Tandis que l'Arménien, insensible à ce spectacle vraiment digne d'attirer l'attention des voyageurs, vaquait activement à ses affaires commerciales, les Anglais parcouraient cette cité toute orientale, ses mombreux bazars, ses manufactures de coton, qu'ils trouvèrent pour les machines bien inférieures à celles de Calcutta, où l'industrie européenne avait fait plier la routine, et introduit des instruments plus parfaits et plus expéditifs.

Des rues étroites, quelques-unes entièrement couvertes, sales, puantes, servent de communication dans les quartiers où résident les basses classes. L'intérieur de la ville est loin, excepté dans les quartiers de la richesse, de répondre à l'aspect de brillante splendeur que l'extérieur offre aux abords de la ville. La propreté n'est pas une vertu orientale.

Les Anglais ayant vu tout ce qui était digne de leur curiosité, et M. Wilson d'ailleurs se trouvant fatigué du séjour d'une ville qui ne lui offrait plus d'intérêt, dirigea son itinéraire vers Tchounar, poste britannique. Il espérait que ses compatriotes feraient pour lui et ses deux compagnons une diversion agréable à la fréquentation des étrangers.

L'Arménien, dont les affaires commerciales n'étaient pas encore terminées, leur promit de les aller rejoindre à Bénarès. Il leur donna plusieurs lettres pour des négociants, et leur indiqua le lieu où ils pourraient trouver l'hospitalité, chose fort difficile au milieu d'un si grand concours d'hommes venus de toutes les parties de l'Inde.

Les approches de Tchounar sont enchanteurs : une chaîne de côteaux court parallèlement au Gange, de jolies habitations, de délicieux bengalôs, occupent les plus agréables situations et répandent la vie et l'animation au milieu de cette nature si belle, sur les rives de ce fleuve sacré, qui attirent tous les ans des flots de population.

Sur un rocher qui fait saillie dans le Gange, le fort britannique dresse ses formidables remparts et semble dire au fleuve sacré : Tu as trouvé des maîtres et non de misérables esclaves. Les mesures prises par les Anglais prouvent bien qu'ils se regardent comme les dominateurs de son cours, qu'ils commandent par leurs canons. Tout passager est obligé d'écrire son nom, le nombre de ses bateaux, s'il en a plusieurs avec lui, sur un registre qu'on lui apporte, et les agents exercent un contrôle rigoureux.

Sur le sommet de la montagne, dans la dernière enceinte de la citadelle, bien calculée pour la défense, après que tous les ouvrages inférieurs seraient emportés, il y a plusieurs bâtiments dignes d'attention et d'intérêt.

L'un d'eux est l'ancien palais hindou, avec un dôme au centre, entouré d'appartements voûtés, sombres, bas et impénétrables à la chaleur; on y voit beaucoup de restes de peinture et de sculpture.

A côte de cet édifice, un autre, plus grand et plus aéré, fut jadis la résidence d'un gouverneur musulman. Les appartements en sont beaux, les fenêtres en ogives sont délicatement sculptées. Un peu plus loin, dans le bastion, il y a un puits ou réservoir extraordinaire, large d'environ quinze pieds et creusé à une grande profondeur dans le roc. Mais l'eau n'est pas assez bonne pour qu'on la boive, excepté en cas de nécessité. Vis-à-vis le palais hindou, on voit dans la cour trois petits trous ronds, assez larges pour qu'un homme puisse y passer. Au-dessous est l'ancienne prison, cachot horrible de quarante pieds carrés, où il n'y a d'autre accès pour la lumière et les hommes qui y sont renfermés que par ces trois trous. C'est maintenant une cave.

Les trois Anglais furent accueillis avec cordialité par les officiers de la garnison du fort. Nous avons rarement, leur dirent-ils, le bonheur de recevoir des compatriotes qui peuvent nous donner des nouvelles de la grande ville (Calcutta), et c'est un délassement pour nos yeux et nos oreilles de voir des habits européens, et d'entendre la langue de la joyeuse Angleterre. Le gouverneur se montra aussi empressé de recevoir des compatriotes que l'avaient été les officiers. Il offrit, dans les bâtiments en-dehors du fort, un logement très convenable à M. Wilson et à ses compagnons, qu'il retint à dîner. Un des officiers leur raconta le fait suivant, dont il ne garantit pas l'authenticité, ne l'ayant appris que de seconde main :

Du temps où notre caveau, au lieu de contenir les bons vins de l'Europe qui nous aident à supporter les ennuis de la garnison, sous un ciel étranger, loin d'une patrie que l'on ne regrette comme elle doit être regrettée que lorsque l'on compte les distances par milliers de lieues, ce caveau servait à renfermer de malheureux prisonniers musulmans ou hindous. Un d'eux, brigand redoutable, fut descendu dans ce souterrain, où déjà sept de ses complices se trouvaient enfouis, attendant qu'il plût au gouverneur de les retrancher du nombre des vivants. Malgré les obstacles qui s'opposaient à son évasion, l'impossibilité même de l'exécuter, il la tenta. On leur descendait de la nourriture au moyen d'une corde et d'un panier. — Qui que vous soyez, dit-il à celui qui descendait le panier, si vous voulez posséder un trésor, je puis vous en rendre possesseur. Point de réponse durant plusieurs jours ; les gardes rapportèrent ces paroles au gouverneur. Celui-ci, plus avide que ses subordonnés, alla un jour lui-même descendre le panier aux prisonniers et entendit la même proposition que le brigand ne cessait de faire à chaque fois que le panier descendait. Le gouverneur se pencha sur l'ouverture et lui demanda quelle était la valeur de ce trésor.

— Je l'ignore, répondit le brigand, qui commençait à espérer de nouer une intrigue qui lui procurerait la liberté, mais elle doit être considérable, car c'était le trésor amassé par la bande depuis un long temps.

— Que demandes-tu pour indiquer le lieu où ce trésor est caché? reprit le gouverneur.

— La liberté et la moitié du trésor... Le gouverneur s'éloigna sans répondre.

Le lendemain, nouvelle proposition et nouvelle réponse. Mais le brigand s'était relâché de ses prétentions et n'avait demandé que mille roupies, car dit-il, je veux me retirer dans le Thibet et y mener une vie paisible. Bref, le gouverneur lui promit de le tirer de son cachot après que leurs conventions furent bien arrêtées. Ceci devait avoir lieu durant la nuit suivante, lorsque la garnison, livrée au sommeil, n'avait plus pour surveillant que les sentinelles.

Le gouverneur descendit dans le cachot un câble avec des nœuds de distance en distance pour faciliter l'ascension du prisonnier, qui devait monter seul et donner tous les renseignements sur le lieu où le trésor était caché, dès qu'il serait hors du cachot. Le gouverneur se proposait, une fois les renseignements communiqués, de rejeter le prisonnier dans le cachot, ou de le poignarder au besoin; de son côté, le brigand avait conçu un plan tout aussi loyal. La mauvaise foi était donc en jeu des deux côtés.

Trop avide pour manquer une aussi belle occasion de s'enrichir, le gouverneur fut fidèle au rendez-vous. Le brigand se laissa glisser d'une petite hauteur et cria qu'il ne se sentait pas la force d'opérer l'ascension au moyen des nœuds du câble, et demanda au gouverneur une petite corde assez solide pour soutenir son corps tandis qu'il se reposerait en montant.

La petite corde fut jetée dans le trou : le brigand, qui n'était pas aussi faible qu'il le disait, se fit un nœud coulant qu'il attacha à sa ceinture, et communiqua son plan à ses camarades de cachot.

Il se mit ensuite à monter avec lenteur, poussant des espèces de gémissements qui faisaient frissonner le gouverneur : car si le prisonnier venait à lâcher prise par faiblesse, en retombant d'une aussi grande hauteur il se tuerait infailliblement, et alors adieu ses espérances. Il se tenait donc, anxieux comme l'avare dont le trésor est en danger, à l'ouverture du trou, frémissant à chaque gémissement du prisonnier, qui ne les épargnait guère et montait avec une lenteur désespérante. Arrivé à l'ouverture, le gouverneur le saisit par les épaules et l'attira sur le sol, à côté du trou. Là, le brigand feignit d'être épuisé; il essaya de se tenir debout et se laissa retomber...

— Il faut un cordial à ce scélérat, se dit le gouverneur qui, quoique musulman, trouvait les vins fort agréables et de bon usage, en secret il est vrai.

Ne se défiant pas d'un homme qu'il croyait épuisé, il courut chercher un flacon de vin, en ayant soin cependant de fermer la poterne. Les autres brigands avaient eu le temps de se hisser en haut et s'étaient étendus à terre le long des murs. A peine le gouverneur était-il arrivé qu'un nœud coulant lui serrait le cou, et que des bras vigoureux l'achevaient dans leurs étreintes. Le malheureux ne rendit pas un soupir. Les brigands faisaient partie d'une troupe d'étrangleurs.

— Parvinrent-ils à s'évader ? demanda le gouverneur.

— C'est ce que la suite de mon récit va vous apprendre, répondit le narrateur. Il huma lentement un verre de vin, satisfait de l'attention que l'on avait portée à sa narration.

En gens habitués aux expéditions hardies, nos étrangleurs voulurent reconnaître le terrain. Ils se trouvaient dans une grande cour entourée de hautes murailles, en face du palais hindou, à côté duquel s'élevait et s'élève encore un vaste bâtiment où résidait le gouverneur. Ce fut vers ce bâtiment qu'ils tournèrent leur tentative. Le cadavre encore chaud fut dépouillé et poussé dans un des trous du cachot. Munis de plusieurs clefs, les brigands s'introduisirent dans le palais, s'affublèrent des vêtements qu'ils y trouvèrent, prirent des poignards et poussèrent plus loin leur reconnaissance. La première sentinelle fut étranglée à son poste, les murs franchis ; mais restaient les ouvrages extérieurs, mieux gardés par de nombreuses sentinelles, et le jour pointait.

Ils tinrent conseil : agiraient-ils de vive force, toutes les chances étaient contre eux. Se glissant jusqu'auprès des murs, quatre d'entre eux s'avancèrent vers le poste ; la sentinelle les arrêta. Tandis qu'elle avait le dos tourné, le brigand qui se traînait à terre se dressa et lui lança le fatal nœud coulant. Sa mort fut aussi prompte et aussi muette que celle des deux premières victimes, mais le poste était là, les portes et les murailles restaient à franchir, et le jour devenait clair. Dans cette situation désespérée, ils prirent un parti désespéré : entrer dans le poste, jouer du poignard et du nœud coulant fut tout un ; ils avaient l'avantage de la surprise, de l'audace et de la détermination : mais le bruit de la lutte fut entendu, et on accourut de toutes parts sur le véritable champ de bataille. Cernés, les brigands se défendirent et périrent tous jusqu'au dernier : ce fut au moins ce que pensèrent les soldats. Tandis qu'on débarrassait la salle basse où la lutte avait eu lieu, des cadavres des morts, soudain un de ces derniers jette les corps qui le couvraient, lance un nœud coulant au cou du soldat le plus proche, l'étrangle et retombe mort auprès de lui.

Ce fut quelques années après que Tchounar tomba au pouvoir de la Compagnie anglaise, qui changea en partie la disposition des lieux et convertit le cachot en cave.

Après le dîner, le gouverneur fit visiter à ses hôtes l'intérieur de la forteresse.

Le commandant se fit donner une clef, et, ouvrant une porte rouillée dans un mur très raboteux et très ancien, il dit aux Anglais qu'il allait leur montrer le lieu le plus saint de tout l'Hindoustan ; puis il ôta son chapeau et les conduisit dans une petite cour carrée ombragée par un très vieux pipal qui croissait dans un des rochers latéraux, et de l'une des branches duquel pendait une petite clochette d'argent. Au-dessous il y avait une grande dalle de marbre noir, et sur la paroi des rochers, en face, une rose grossière sculptée et renfermée dans un triangle. On n'apercevait pas une seule idole, mais les cipayes, qui les avaient suivis, tombèrent à genoux, baisèrent la poussière dans le voisinage de la dalle et s'en frottèrent le front.

Un colonel anglais leur dit : Tous les Hindous croient que Dieu est en personne, quoique invisible, assis durant neuf heures du jour sur cette pierre, et qu'il passe les trois autres à Bénarès. C'est pourquoi les Hindous ne craignent pas que Tchounar soit pris par les ennemis, excepté entre six et neuf heures du matin; par la même raison, et afin d'être à l'abri, par ce saint voisinage, de tous les dangers de la sorcellerie, les rois de Bénarès, avant la conquête musulmane, faisaient célébrer tous les mariages de leur famille dans le voisinage de cette petite cour.

— J'avoue, dit M. Wilson, que je ne contemplai pas ce lieu sans émotion. Je fus frappé de l'absence totale de toute idole et du sentiment de convenance qui fait rejeter, même à un Hindou, les symboles extérieurs dans un lieu où il suppose que la divinité est actuellement présente.

Après avoir visité en détail l'intérieur de la citadelle, les fortifications redoutables qui la rendent imprenable, joui de la vue admirable qui s'étend sur le Gange couvert de barques aux banderolles flottantes et de couleurs variées, aux rives ombragées d'arbres magnifiques, du milieu desquelles percent le haut des jolies maisons indiennes et des bengalôs européens, les voyageurs prirent congé du commandant et des officiers, qui les avaient si gracieusement accueillis, et se retirèrent pour se préparer au voyage de Bénarès, dont les fêtes solennelles étaient proches.

Leur petite caravane trouva les routes couvertes

de pèlerins, de marchands, de chevaux, de bœufs, de chameaux et d'éléphants. La diversité des habillements, des équipages, ce long cordon, en route vers la ville sainte, rendit le trajet aussi agréable que distrayant pour les Anglais. Mais les approches de Bénarès leur firent bientôt tout oublier et captivèrent leur admiration. Des minarets élancés de la grande mosquée, qui dominent les masses compactes des constructions, disposées dans un désordre pittoresque le long de la rive droite du Gange, sur une longueur de plus de trois lieues, s'offrirent à leurs regards, resplendissant sous un soleil sans nuage et rayonnant de toutes les couleurs de l'arc-en-ciel. Ils ne purent retenir l'expression de leur admiration à la vue de ces temples, de ces tours, de ces longues arcades soutenues par des colonnes, de ces quais élevés, de ces terrasses garnies de balustrades qui se dessinent en relief et se marient au feuillage d'un vert foncé et magnifique des pipals, des tamariniers et des manguiers, et qui, couverts par intervalles de brillantes guirlandes de fleurs, se montrent entre les édifices chargés de sculptures s'élevant majestueusement au milieu des jardins.

Les ghâts, ou lieux d'abordage, auxquels communiquent les escaliers qui descendent jusqu'au bord du fleuve, sont les seuls quais de Bénarès, et quoique à une élévation de trente pieds au-dessus du Gange, toute l'étendue fourmille, depuis le lever jusque longtemps après le coucher du soleil, d'hommes livrés à divers travaux. Les uns sont occupés à embarquer ou déballer les cargaisons des nombreux navires attirés par l'immense commerce qui se fait à ce grand entrepôt de l'Inde; d'autres tirent de l'eau, d'autres pratiquent leurs ablutions ou récitent leurs prières, car, malgré le grand nombre des temples, les Hindous se conforment en plein air aux rites de leur culte.

Tel fut le spectacle qui s'offrit à nos voyageurs dès leur entrée dans Bénarès. Ils en furent si vivement frappés, qu'ils oublièrent d'aller à la recherche du gîte que l'Arménien leur avait indiqué. Ils passèrent donc la nuit dans un de ces vastes bâtiments ouverts aux étrangers, et ce ne fut pas une nuit de repos, impossible au milieu de tant de bruit et de tumulte occasionnés par les entrées et les sorties.

IX. — BÉNARÈS LA VILLE SAINTE.

Les trois Anglais n'avaient vu en réalité que les parties extérieures de la ville ; mais ce qu'ils avaient vu était plus que suffisant pour exciter vivement leur curiosité ; aussi, dès le matin du jour suivant, ils se trouvèrent prêts à commencer leur revue de l'intérieur de la cité. C'est, dit M. Wilson dans le récit de son voyage, une ville très remarquable, et de toutes celles que j'ai vues, celle qui a le plus le caractère oriental. Aucun Européen n'habite dans l'intérieur de la ville, et il n'y a pas de rues assez larges pour un carrosse ; un palanquin même ne passe qu'avec difficulté dans ces ruelles si étroites, si tortueuses et si remplies par la foule. Les maisons sont généralement hautes ; les plus basses ont trois étages, plusieurs cinq ou six. Les rues sont beaucoup plus basses que les rez-de-chaussée des maisons, qui presque toutes ont par devant des porches voûtés, et par derrière de petites boutiques. Au-dessus elles sont embellies de verandhas, de galeries, de fenêtres saillantes et fermées par des jalousies, et des pignons débordant soutenus par des consoles sculptées.

La quantité des temples est prodigieuse; la plupart sont petits et fichés, comme des chapelles, aú coin des rues et à l'ombre des grandes maisons; toutefois leur formes ne manquent point de grâce, et beaucoup d'elles sont revêtues de belles et délicates sculptures, de fleurs, d'animaux et de branches de palmier, qui égalent, par l'exactitude et la richesse des détails, ce que j'ai vu de meilleur en fait de sculpture gothique et grecque. Les édifices sont construits avec une pierre excellente venant de Tchounar; mais les Hindous aiment extrêmement à les peindre en rouge, et à couvrir les parties les plus apparentes de leurs maisons de sujets représentant, avec des couleurs vives, des pots à fleurs, des hommes, des femmes, des bœufs, des éléphants, des dieux et des déesses, tous sous leurs diverses formes, à plusieurs têtes, à plusieurs mains munies d'armes.

Des bœufs de tous les âges, privés et familiarisés comme de gros chiens, et respectés parce qu'ils sont consacrés à Siva, se promènent nonchalamment dans ces rues étroites, ou s'y couchent en travers; à peine se dérangent-ils pour que le palanquin y puisse passer, quand on les pousse avec le pied, car le moindre coup doit être donné de la manière la plus douce, ou bien malheur au misérable qui braverait les préjugés de cette population fanatique!

Les singes, consacrés à Hainmân, le singe divin qui aida Ram à conquérir Leylau, sont également nombreux dans d'autres parties de la ville ; ils grimpent sur les toits et sur les saillies des temples, fourrent impertinemment la tête et les mains dans les boutiques des marchands de fruits et de confitures, et emportent les morceaux aux enfants qui prennent leurs repas.

A chaque tournant de rue on rencontre des maisons nommées djogis, ornées d'idoles et faisant entendre un tintamarre continuel causé par les sons de toutes sortes d'instruments discordants, tandis ques des religieux mendiants, de toutes les sectes du brahmanisme, offrant toutes les difformités imaginables que peuvent montrer leurs corps frottés de craie et de bouse de vache : des maladies, des cheveux en désordre, des membres tordus et des attitudes dégoûtantes ou hideuseses de pénitence, bordent littéralement les deux côtés des principales rues. Je pus contempler ici des exemples de cette sorte de pénitence dont j'avais beaucoup entendu parler. Je vis des hommes dont les jambes et les bras étaient tordus par suite de la position dans laquelle il les avaient longtemps tenus volontairement ; il y en avait dont les mains jointes étaient rivées l'une à l'autre par les ongles qui les perçaient de part en part.

A notre passage, ces exclamations lamentables : Aghn saïb ! tapi saïb ! nom appliqué communément aux Européens, donnez-moi quelque chose à manger ! m'arrachèrent bientôt le peu de pièces de monnaie que j'avais ; mais c'était une goutte d'eau dans l'Océan, et les importunités des autres, à mesure que nous arrivions dans la ville, furent à peu près étouffées par le tintamarre qui nous entourait.

Tels sont les objets et les soins qui frappent la vue

et l'ouïe des Européens en entrant dans la ville la plus sainte de l'Hindoustan, lieu tellement béni que quiconque y meurt, à quelque secte qu'il appartienne, quand même il serait un mangeur de bœuf, pourvu qu'il ait été charitable pour les pauvres brahmanes, est sûr de son salut. C'est aussi cette même sainteté qui fait de Bénarès le réceptacle des mendiants, puisque, indépendamment de la quantité énorme de pèlerins qui y affluent de tous les cantons de l'Inde ainsi que du Thibet et de l'empire birman, une grande quantité d'hommes riches, au déclin de leurs jours, et presque tous les grands personnages qui, de temps en temps, sont bannis ou disgraciés par les révolutions survenant continuellement dans l'Inde, viennent ici pour laver leurs péchés ou pour remplir leurs loisirs par les cérémoies pompeuses de leur religion, et prodiguent effectivement de très grosses sommes en charités.

Le lendemain, je me promenai de nouveau dans Bénarès, que je trouvai, comme auparavant, peuplé de bœufs et de mendiants; mais ce qui me surprit beaucoup, parce que je pénétrai plus avant que la veille dans l'intérieur, furent les grandes, hautes et jolies maisons, la beauté et la richesse apparente des marchandises exposées en vente dans les bazars, et l'activité évidente d'affaires importantes au milieu de cette misère et de ce fanatisme.

Bénarès est en réalité une cité non moins commerçante, industrieuse et opulente que sainte. C'est le grand marché où les schalls du nord, les diamants du sud, les mousselines de Dacca et des provinces de l'est viennent aboutir; elle a des manufactures considérables de soierie, de toile de coton et de draps fins, et de plus la coutellerie et la quincaillerie anglaises, les sabres, les boucliers et les lances de Lachnau et de Monghir ; les objets de luxe et de fantaisie d'Europe, qui deviennent chaque jour plus populaires dans l'Inde, se répandent de là au Bendelkend, à Gorakpour, au Nipal, et dans d'autres cantons éloignés du Gange. D'après les derniers recensements, la population est de six cent mille âmes.

La position de la ville sur la pente d'un coteau rocailleux facilite l'écoulement des eaux, ce qui, joint aux fréquentes ablutions et à la tempérance des habitants, la préserve des maladies contagieuses.

Ainsi, malgré sa population entassée, ses rues étroites et tortueuses, Bénarès est une ville où l'air est salubre et où la santé se conserve mieux qu'en tout autre lieu.

Les Hindous attribuent ceci à la sainteté de la ville.

Notre première visite fut à un temple célèbre, nommé Vicheraysha. qui est en pierres de petite dimension, mais très élégamment sculpté ; c'est un des lieux les plus saints de l'Hindoustan, quoiqu'il le cède, sous ce rapport, à un autre contigu, et que Alomghir profana en y faisant construire une mosquée, de sorte qu'il le rendit inaccessible aux sectateurs de Brahma. Le parvis du temple, quoique resserré, est rempli, comme la cour d'une métairie, de taureaux très gras et très apprivoisés qui fourrent leurs naseaux dans les mains et dans les poches de ceux qui vont les visiter, pour avoir du grain et des confitures que leurs adorateurs leur apportent en très grande quantité. Les cloîtres sont encombrés de pénitents hideux par la craie et la bouse de vache dont ils sont frottés. Le bourdonnement continuel de ram-ram suffit pour causer des étourdissements aux étrangers. Toutefois ce lieu est tenu très propre, car les religieux semblent n'avoir pour fonction que de verser de l'eau sur les images et sur le pavé ; ils se montrèrent très disposés et très empressés à me faire voir tout dans les plus minutieux détails.

Près de ce temple il y a un puits, au-dessus duquel s'élève une petite tour; un escalier raide descend jusqu'à l'eau amenée du Gange par un canal souterrain. Je ne sais pour quel motif elle passe pour plus sainte que celle du fleuve même. Il est enjoint à tous les pénitents qui viennent à Bénarès de boire et de faire leurs ablutions dans cet endroit.

A peu de distance, dans un autre temple dédié à Anna Parna, on m'indiqua un brahmane qui passe toute la journée dans une petite chaise peu élevée; il ne la quitte que pour faire les ablutions nécessaires, et la nuit il dort sur le pavé qui est à côté. Son occupation est de lire ou de commenter les védas, ce qu'il fait, pour quiconque veut l'écouter, depuis huit heures du matin jusqu'à quatre heures du soir ; il ne demande rien, mais il y a auprès de sa chaise un petit bassin en cuivre dans lequel ceux qui le veulent déposent leurs aumônes : c'est sa seule ressource pour susbister. C'est un petit homme pâle, d'une physionomie intéressante, qu'il ne défigure pas comme tant d'autres ici par une ostentation d'emblêmes de piété ; on dit qu'il est très éloquent et très versé dans le sanscrit.

Un des objets les plus intéressants et les plus singuliers de Bénarès est l'ancien Observatoire, fondé avant la conquête musulmane, et encore entier quoiqu'on n'en fasse plus usage. C'est un édifice en pierre, contenant de petites cours entourées de portiques pour la commodité des astronomes et de leurs auditeurs. Sur une grande tour carrée, on voit un gnomon énorme, haut peut-être de vingt pieds, avec l'arc du cadran en proportion, un cercle de quinze pieds de diamètre, et une ligne méridienne, le tout en pierre. Tout cela manque de précision, mais c'est une preuve intéressante du zèle avec lequel la science fut cultivée jadis dans ces contrées.

De l'Observatoire nous descendîmes par un escalier au bord de l'eau, où un bateau nous attendait. J'eus ainsi l'occasion de voir la ville par l'endroit le plus favorable. Elle s'élève en amphithéâtre : les minarets, les dômes nombreux, les ghâts les plus multipliés qui arrivent jusqu'au niveau du Gange, et sont toujours garnis d'une multitude d'Hindous, les uns se baignant, les autres priant, produisent un très bel effet.

Des pagodes et des temples de toutes les dimensions bordent presque entièrement les rives du Gange, même en-dedans de la ligne où il s'élève lors de ses débordements. Quelques-uns de ces édifices sont très beaux quoique petits. On en voit qui sont presque entièrement tombés dans le fleuve, parce qu'on n'a pas réparé leurs fondements à mesure qu'il les minait.

Tout le pays d'alentour paraît cultivé plutôt en froment qu'en riz. Les villages sont nombreux et grands; les habitations isolées rares; il y a fort peu de bois, aussi le chauffage y est très cher : c'est à cette cause qu'on attribue le nombre des cadavres qu'on jette dans le fleuve sans les brûler.

Les veuves se laissent consumer ici par le feu, avec leurs époux défunts, bien plus rarement que dans les autres parties de l'Inde ; mais l'immolatior volontaire, en se noyant, est très commune. Tous les ans, plusieurs centaines de pèlerins viennent expressément de tous les cantons de l'Inde à Bénarès, pour terminer leurs jours de cette manière.

Ils achètent deux grands pots de terre qu'ils attachent de chaque côté de leur corps, et qui, lorsqu'ils sont vides, les soutiennent dans l'eau. Ainsi équipés, ils s'avancent dans le fleuve, remplissent les pots et disparaissent pour ne plus revenir. Le gouvernement a plusieurs fois essayé de faire disparaître cette pratique, mais sans autre effet que de faire aller les victimes volontaires un peu plus loin pour accomplir leur sacrifice. En effet, lorsqu'un homme est venu de plus d'une centaine de milles pour mourir, l'intervention d'un officier de police ne pourra pas prévenir son dessein. Une religion, je ne dis pas qui tolère, mais qui commande de pareils sacrifices, est un véritable fléau permanent.

J'allai au collége de Vidalaya, ou des Hindous. C'est un grand édifice partagé en deux cours, avec des galeries, l'une supérieure, l'autre inférieure. Les maîtres sont au nombre de dix ; il y a deux cents écoliers répartis entre les diverses classes ; ils apprennent la lecture, l'écriture, l'arithmétique d'après la mode hindoue, la littérature sacrée et les lois hindoues et persanes, le sanscrit, l'astronomie, d'après le système de Ptolémée, et l'astrologie.

Bénarès est certainement la cité la plus riche, et probablement la plus peuplée de l'Inde ; elle est aussi la mieux policée et la mieux gouvernée, la police étant faite par une espèce de garde nationale nommée par les habitants et approuvée par les magistrats ; elle est composée de cinq cents hommes ; la ville est partagée en soixante quartiers, fermés chacun pendant la nuit, et gardés par un de ces hommes. Aussi les vols et les meurtres sont très rares, malgré la population considérable, la multitude des pèlerins et des mendiants venus de toutes les contrées voisines. On compte ordinairement parmi ceux-ci vingt mille Marathes d'humeur belliqueuse, et dont la plupart sont armés ; d'un autre côté, les gardes étant choisis et payés par de respectables pères de famille, ont intérêt à se bien conduire, à être polis et attentifs à leurs devoirs.

Bénarès étant, pour ainsi dire, la métropole de tout le commerce de l'Inde, je ne fus pas surpris d'y trouver établis des hommes de toutes les parties de la péninsule ; mais je fus étonné d'apprendre qu'il s'y trouve un grand nombre de Persans, de Turcs, de Tartares, même d'Européens. Il y a parmi ceux-ci un Grec, homme instruit et de bonnes manières, qui s'y est fixé depuis plusieurs années, et qui se donne comme étudiant le sanscrit. Il a été associé dans une maison de commerce de Calcutta ; on dit qu'il est maintenant retiré des affaires. Il y a aussi un Russe qui, par affinité naturelle, fréquente ce Grec ; il est commerçant, son ton annonce qu'il a été élevé dans une classe de la société inférieure à celle de son ami.

Quoique Bénarès soit la ville sainte par excellence, les brahmanes y sont moins intolérants et moins aveuglés par les préjugés que dans les autres villes de l'Inde. La répétition continuelle des mêmes cérémonies qui occupent leur temps a, dit-on, produit chez quelques-uns d'entre eux un degré de lassitude de leur propre système et les a portés à s'enquérir de celui des autres peuples, qui n'existe pas à Calcutta. Bénarès aussi est en général attaché à la Compagnie et fidèle à son gouvernement; quoique ses habitants étant, par le fait, supérieurs, par leur rang, leurs richesses et leur éducation, à ceux des villes ordinaires de l'Inde, parlent plus des hommes publics et des affaires de l'Etat.

X. — CÉRÉMONIE DES NOYADES VOLONTAIRES. — LE TCHARRAK-POUDJAN.

Le Gange est réputé sacré dans toutes les contrées de l'Inde, et ses eaux purifient de toutes les souillures de la terre et assurent un bonheur, dans l'autre vie, tel que le conçoivent les Hindous. Aussi vous trouveriez difficilement un habitant de l'Inde qui n'ait pas fait un pèlerinage au fleuve sacré dans le cours da sa vie, à quelque distance que sa contrée natale se trouve de ce fleuve.

Les riches s'y rendent avec une suite nombreuse, et répandent de grandes aumônes autour d'eux : les commerçants, profitant des immenses concours des populations qui accourent aux lieux réputés saints, en ont fait des débouchés pour les marchandises des diverses régions, mais ne manquent jamais de satisfaire leurs dévotions, en accomplissant les cérémonies transmises depuis des temps reculés. La misère, la maladie, pourvu qu'elle permette encore le mouvement, ne font point empêchement aux pèlerinages vers les lieux saints. Des pèlerins de tout âge, de tout sexe, de toutes les contrées, se mettent en route vers les bords du fleuve, comptant sur les charités publiques pour faire leur voyage. A certaines époques de l'année, les chemins qui aboutissent aux lieux saints sont littéralement couverts de troupes de pèlerins, de mendiants, de malades et aussi de filous et de brigands très audacieux. Les meurtres qui se commettent passent inaperçus ; la compagnie des Indes n'a pu encore établir, dans les régions soumises à sa puissance, et elles sont très étendues, une police suffisante pour veiller sur la sûreté individuelle. Comment le pourrait-elle dans une aussi grande étendue de pays, quand elle n'a pu jusqu'à ce jour faire abolir les sacrifices publics, horribles, qui se pratiquent par les veuves qui se brûlent sur le bûcher de leurs defunts époux ; quand elle ne peut empêcher des fanatiques insensés de se noyer volontairement dans les eaux du Gange.

Les trois Anglais furent témoins, pendant leur séjour à Bénarès, d'un de ces derniers sacrifices, qui les impressionna profondément. Le lendemain ils reçurent la visite d'un officier de leur nation; naturellement, la conversation roula sur les noyades.

La Compagnie, leur dit cet officier, ne conserverait pas un an en paix le vaste territoire qui lui est soumis, si elle tentait d'abolir tout ce qu'il y a d'affreux dans les superstitions des Hindous ; ces superstitions sont si grossières, si absurdes, pour nous, Européens, que nous ne concevons pas que des populations qui ne manquent ni d'intelligence ni de génie, qui montrent dans l'imitation et dans les arts qu'ils cultivent une adresse qui surprend même ceux qui sont habitués à voir les prodiges des arts de l'Europe, puissent les conserver ; mais elles sont en quelque sorte assimilées à leur existence, et les brahmanes les entretiennent avec soin ; ce qui offre le plus d'obstacles à la véritable civilisation, dans ces contrées qui le furent lorsque l'Europe entière était encore plongée dans les ténèbres de la barbarie, c'est le parquement des populations en classes, en tribus. Chaque classe reste sans mélanges, par des mariages, avec les autres classes, fait ce qui a été fait par ses prédécesseurs, et ne peut pas s'imaginer qu'elle entrerait sans péché, que dis-je, sans crime punissable de mort, dans une caste qui ne serait pas la sienne. Loin de propager les saints préceptes du Christ, qui enseignent aux hommes qu'ils ont une commune origine, les brahmanes font sortir les castes des différentes parties du corps de Brahma, créateur ; ils n'ont pas oublié de faire sortir leur caste de la partie la plus élevée, la plus noble du corps, de la tête de Brahma.

La religion chrétienne pourrait seule régénérer ces populations, mais les missionnaires trouvent des obstacles presque insurmontables dans les préjugés et dans la caste des brahmanes.

J'ai voulu connaître le fonds de leur religion, car il est impossible que celles que pratiquent les populations séparées en sectes nombreuses, toutes croyant à des divinités horribles, sanguinaires, aient servi de base à une religion qui se répandit, dans les temps reculés, dans toutes les contrées de l'Orient, à peu d'exceptions près ; il est impossible, je le répète, que cette religion mère soit la même que celle pratiquée de nos jours. Mes recherches ont été sans résultat, et je suis porté à croire qu'un très petit nombre de brahmanes connaissent leur religion primitive. Je vous donnerai des renseignements sur leurs temples les plus vénérés, et si vous êtes curieux de les voir, vous éprouverez ce que j'ai moi-même éprouvé à la vue de leurs monstrueuses idoles; on dirait que l'imagination s'est épuisée à créer ce qu'il y a de plus hideux et de plus horrible.

Je veux vous faire assister à une fête en l'honneur d'une de leurs nombreuses divinités, et, si vous le trouvez bon, je serai votre compagnon de voyage.

La partie convenue et les préparatifs faits, les quatre Anglais, bien escortés, se mirent en route, le jour suivant. Comme cette fête se célèbre sur les bords du fleuve sacré et dans tous les lieux en réputation de sainteté, ils n'eurent qu'une journée de marche pour arriver au lieu où elle devait se célébrer.

C'était le 9 avril, au soir, dit le narrateur... Une foule considérable était réunie, sur les bords du fleuve sacré, autour d'un échafaudage en bambous, haut de quinze pieds, et composé de deux perches perpendiculaires et de trois transversales, et ces dernières éloignées l'une de l'autre de cinq pieds. Plusieurs hommes montèrent sur cette espèce d'échelle avec de grands sacs, d'où ils jetèrent aux spectateurs divers objets que ceux-ci saisirent avidement, mais nous ne pûmes, à cause de l'éloignement, distinguer ce que c'était. Alors, l'un après l'autre, tous élevèrent leurs mains jointes au-dessus de leur tête et se précipitèrent à terre avec une force qui leur aurait été fatale, si leur chute n'avait été amortie par un moyen quelconque.

La multitude était trop serrée pour que nous pussions découvrir comment cela s'effectuait ; mais il est certain que tous étaient sains et saufs, car ils remontèrent aussitôt sur l'échafaud et répétèrent plusieurs fois la même cérémonie.

Le 10, les voyageurs se trouvaient à Bénarès, et assistèrent à une autre cérémonie qui se pratique dans toutes les villes réputées saintes, ou célèbres par le concours des populations... Nous laissons encore parler le narrateur.

— Nous fûmes réveillés, avant le jour, par le bruit discordant des instruments de musique : aussitôt nous montâmes à cheval et courûmes à la place où devait avoir lieu la fête.

A mesure que la clarté parut, nous aperçûmes une foule immense qui se dirigeait vers le même lieu, et se grossissant des personnes qui débouchaient des rues et des ruelles de la ville. Nous nous mêlâmes à la foule, au milieu de laquelle marchaient et dansaient de misérables fanatiques, qui se torturaient de la manière la plus horrible, chacun entouré de son groupe particulier d'admirateurs avec de la musique et des torches. Leur physionomie annonçait la souffrance ; mais ils se glorifiaient de la supporter patiemment, et probablement étaient soutenus par la persuasion d'expier leurs péchés de l'année précédente en supportant volontairement, et sans un seul gémissement, cette gêne.

Nous eûmes beaucoup de difficulté à nous frayer un passage à travers la foule ; mais nous jouîmes d'un coup d'œil pittoresque et très beau, qui nous rappela celui des courses de chevaux en Angleterre. Des drapeaux flottaient de tous côtés, des cabanes en plauches offraient des échafaudages pour danser. Les vêtements flatteurs des indigènes faisaient supposer une réunion de femmes bien mises ; et, quoique en s'approchant, leur teint fumé détruisît cette illusion, cependant le tableau ne perdait rien de son agrément. Jamais je n'avais vu, en Angleterre, tant de monde réuni ; mais cette fête est une des plus fameuses des Hindous, et on y était accouru de tous les environs. Le tintamarre de la musique dura jusqu'à midi, heure où les fanatiques se retirèrent pour faire panser leur blessures. On dit qu'elles sont dangereuses et que, parfois, elles deviennent mortelles.

Un de nos masalchi, ou porte-flambeaux, de la caste la plus basse, car il paraît que, dans les plus hautes, personne ne pratique ces cruautés, courut par toute la maison avec un petit dard qui lui traversait la langue, mendiant de l'argent à nos autres domestiques ; cet homme avait l'air d'être stupéfié par l'opium. On me dit que ces pauvres misérables en prennent toujours pour diminuer la douleur, et que la partie qui doit être transpercée est probablement frottée assez longtemps pour produire un engourdissement.

L'épreuve du chiddi-mahri se pratique le soir, dans le quartier où sont placés les mâts pour la suspension des dévots ; l'autorité ne permet pas qu'on les place près de la demeure des Européens. Ce mât soutient une traverse à l'extrémité de laquelle pend une poulie où l'on passe une corde supportant des crochets. La victime, couronnée de fleurs, fut amenée, sans résistance apparente, au pied de la traverse ; les crochets furent alors enfoncés dans les muscles de ses flancs, ce qu'il endura sans sourciller, et une large bande de toile fut attachée autour de sa taille pour empêcher que les crochets fussent détachés par le poids du corps. En cet état, le patient fut élevé en l'air, et on le fit tourner, d'abord doucement, puis graduellement avec une vitesse extrême. Au bout de quelques minutes, on voulut le descendre, mais il fit signe de continuer ; cette résolution fut accueillie avec des applaudissements prodigieux, et, après qu'il eut bu quelques gorgées d'eau, la cérémonie fut recommencée.

Lorsque nous fûmes de retour, ajoute le narrateur, nous éprouvâmes le besoin de nous épancher. Ce que nous venions de voir était si contraire à la nature et à la raison, que nous ne savions à quoi attribuer ce courage, cette patience dans la douleur, quand il ne résultait rien d'élevé, rien d'utile de pareils supplices applaudis avec frénésie par d'immenses multitudes, et cela dans des contrées dont les habitants sont doués d'un caractère fort doux.

XI. — VEUVE HINDOUE SE BRULANT SUR LE BUCHER DE SON ÉPOUX.

La santé de M. Wilson s'était tout-à-fait rétablie, et il avait pris goût aux voyages, qui lui procuraient d'agréables distractions ; il se proposait de remonter jusqu'aux sources si longtemps mystérieuses du Gange. Cette idée lui était venue d'après les récits que lui avait faits l'officier du génie, que la Compagnie anglaise avait chargé d'aller reconnaître les sources du Gange.

La saison était favorable pour entreprendre ce long voyage, et nos Anglais s'y préparaient avec empressement, quand ils apprirent qu'une veuve hindoue devait se sacrifier sur le bûcher de son défunt mari. Il fut convenu entre eux qu'ils retarderaient de quelques jours leur départ, pour être témoins de ce sacrifice, qui devait avoir lieu à Allababad, peu distant de Bénarès.

Un matin, nos voyageurs furent réveillés par un grand bruit provenant d'un concours immense de peuple. Ils apprirent que la veuve d'un riche Hindou, dont on allait faire les funérailles, devait se brûler sur le bûcher du défunt.

Dans une plaine étendue s'élevait, sur une petite éminence, à quelque distance d'un monastère de brahmanes, une énorme pile de bois, artistement arrangée et présentant l'aspect d'une pyramide surmontée d'un plateau. De tous les points de la plaine ce bûcher était visible. La foule était immense et grossissait à chaque instant. Comme à toutes les cérémonies, on voyait çà et là des bateleurs escortés de musiciens ; des poteaux en bambous se dressaient à environ vingt pieds du bûcher, et circulairement. Les Anglais ne virent aucun des spectateurs dépasser ces poteaux. Bientôt, l'espace laissé libre fut rempli à moitié par une troupe de musiciens sortis du monastère des brahmanes. Plusieurs prêtres pénétrèrent dans l'intérieur du bûcher, probablement pour examiner si tout y était convenablement disposé. Un d'eux parut quelques instants sur la plate-forme et disparut aussitôt. Cet examen terminé, la musique fit entendre des airs plus bruyants qu'harmonieux, et des sons mieux cadencés sortirent du monastère, dont les portes s'ouvrirent pour laisser défiler une longue procession de moines guidés par un brahmane, remarquable par ses habits et s n cordon flottant. Au centre s'avançait le cercueil, porté dans un palanquin richement décoré, et peu après, la victime de cette horrible coutume, entourée de brahmanes d'un aspect vraiment vénérable : deux personnes la soutenaient des deux côtés ; elle nous parut jeune : sa parure était magnifique ; l'éclat de ses yeux, la vive rougeur qui brillait sur ses joues, nous fit supposer qu'elle avait pris de l'opium et qu'elle était fardée. Mon cœur fut horriblement serré, dit M. Wilson, et ma vue devint trouble ; quand je reportai les yeux sur la victime, les brahmanes qui marchaient en avant s'ouvrirent et laissèrent entre la malheureuse et le bûcher l'espace vide. Je la vis tressaillir, puis s'agiter, enfin près de s'affaisser sur elle-même. On la sortint, et les éclats de la musique couvrirent probablement ses cris. La multitude était silencieuse : dès que le cercueil fut placé sur la plate-forme, on porta la veuve, dont plusieurs cris furent entendus, malgré les éclats de cette infernale musique ; on la porta, cachée par les brahmanes et par les banderolles qui flottaient autour, non sur la plate-forme, mais dans le bûcher. Je ne vis pas les cérémonies que ces barbares inhumains firent devant et autour du bûcher ; un nuage s'étendait sur mes yeux ; je tremblais de tous mes membres. Enfin j'entendis une immense clameur ; involontairement mes regards se reportèrent sur le bûcher : la victime se trouvait près du cadavre ; il me sembla qu'elle était résignée. Des torches brillèrent, une épaisse fumée sortit entre les tronçons de bois ; le vent, était-ce calcul, la poussa sur la victime, qui disparut un instant. Mais la flamme se dressa, dissipa la fumée, et l'infortunée apparut au milieu de ces langues ardentes. Tout-à-coup elle disparut, probablement qu'on avait ménagé une trappe sous elle. Un cri immense, un cri terrible domina les clameurs et les éclats de la musique; fut-il poussé par la victime? je l'ignore... Déjà le bûcher n'est plus qu'une masse ardente au-dessus de laquelle la flamme ondule, se plie, se tortille. Fut-ce illusion, fut-ce réalité? mon odorat perçut une odeur de chair et de graisse brûlées.

Les brahmanes, calmes, immobiles, les yeux fixés sur le bûcher, lancèrent je ne sais quels objets dans le brasier, firent processionnellement le tour de cette masse de feu, reprirent leurs rangs, accomplirent d'autres cérémonies, puis me parurent bénir la foule.

Quand je rentrai à la maison, mon corps était baigné d'une sueur froide, malgré l'intensité de la chaleur; je me jetai sur un sopha, en proie à une fièvre terrible.

XII. — SOURCES DU GANGE.

On peut remonter le Gange, jusqu'à une certaine distance, dans un de ces bateaux plats construits sans qu'il y entre un seul clou; mais nos voyageurs n'étaient pas sûrs de trouver des montures convenables et surtout solides, lorsqu'il ne serait plus possible de naviguer sur la rivière. Ils prirent donc le parti de voyager par terre. Trente hommes, tant domestiques que gens composant l'escorte, tous avec des armes à feu de fabrique anglaise, furent engagés pour tout le cours du voyage; sept dévots qui voulaient se rendre aux sources du Gange, vinrent s'offrir pour grossir la caravane, qui se composait en totalité de cinquante-trois hommes.

On prit trois éléphants que l'on mettrait en remise dès que leurs services ne seraient plus possibles ; le reste des montures fut composé de chevaux, qui pourraient passer partout et seraient moins sensibles au changement de température. On s'approvisionna de tentes et de nourriture d'un facile transport, et la caravane se mit en route le jeudi matin, en suivant, autant que les abords le permettaient, les rives du Gange, semées de villages où il était facile de s'approvisionner pour les hommes et les animaux.

Nous nous transporterons rapidement vers les sources du Gange, le voyage jusque-là n'ayant rien offert qui pût piquer la curiosité du lecteur. Des haltes, des campements de nuit, quand on ne rencontrait pas de village, n'offrent que les accidents inévitables des voyages, et peu d'intérêt.

Le Gange est formé par la réunion de deux rivières principales : l'Alacananda à l'est, et le Bhagirati à l'ouest, par 30° 45" de latitude. C'est la position de Manah, village situé sur les bords de l'Alacananda, par la latitude ci-dessus.

A mesure que nous avancions, dit le narrateur, la rivière, d'ailleurs profonde et rapide, se resserrait. A Manah, elle n'avait pas plus de vingt pieds de largeur ; un mille plus loin vers le nord, nous la traversâmes sur une couche de neige durcie. Nous parcourûmes trois milles dans une vallée, marchant fréquemment sur la neige amoncelée dans les lits des torrents et des ravins. Au sud de l'Alacananda, le flanc septentrional des monts était entièrement couvert de neige, ce qui, joint à l'aspect glacé du pays et au vent froid et perçant qui soufflait, présentait l'image et offrait l'aspect des contrées boréales. Nos vêtements chauds, dont nous nous étions munis, nous furent d'une grande utilité.

La vallée où nous marchions a près de dix-huit cents pieds de largeur et est en partie cultivée. La pente des montagnes est si escarpée, que les brebis et les chèvres peuvent seules y aller pâturer. Vers midi, nous avions atteint le but de notre course. Nous étions vis-à-vis la cascade du Barsadhara qui, s'échappant par une crevasse, se précipite sur la saillie d'un rocher haut de deux cents pieds; là, elle se partage en deux courants d'écume qui descendent le long d'un lit gelé de neige, et se gèlent en y touchant. La petite partie qui fond mine la neige par-dessous et donne naissance à un ruisseau qui sort, à deux cents pas plus loin, d'une voûte de glaces. C'est ici le terme des courses pieuses des pèlerins : quelques-uns viennent pour recevoir l'aspersion de la pluie sainte de la cascade.

On distingue en ce lieu le cours de l'Alacananda jusqu'à l'extrémité de la vallée, où il est entièrement caché sous des monceaux de neige glacée, probablement amoncelés depuis des siècles. Les pèlerins n'ont jamais osé se risquer au-delà de ce point. En revenant à Manah, on voit dans le rocher à gauche des cavités où l'on a construit de petits temples. Manah est un lieu assez considérable et bien peuplé ; ses habitants, grands, robustes et bien faits, ont le caractère défiguré des Thibétains. Jamais nous n'avions vu en aucun lieu de l'Hindoustan autant de belles femmes et de jolis enfants ; leur teint coloré approchait beaucoup de la fraîcheur de celui des Européens. Avant l'hiver, toute la population abandonne la bourgarde, qui ne tarde pas à être ensevelie sous la neige; tous les meubles et les effets sont emportés; on dépose les grains dans de petites fosses dont l'ouverture est soigneusement bouchée avec des pierres. Les habitants ne reviennent chez eux qu'au bout de quatre mois; de même que tous ceux des pays froids, il aiment passionnément les liqueurs fortes. A la fonte des neiges, à la fin de juillet, ces montagnards partent en troupes de cent à cent cinquante, menant avec eux des chèvres et des moutons qui leur servent de bêtes de somme, pour porter diverses marchandises au Thibet, notamment des grains; ils en rapportent d'autres en échange, dont les pèlerinages annuels leur procurent une vente facile et avantageuse; quelques-uns acquièrent une fortune considérable par ce commerce.

Une partie des montagnards passent l'hiver à Djosimath, ville située plus bas, au confluent de l'Alacananda et du Daouli. Avant d'y arriver, on passe à Bhadrinath, village dans une vallée, uniquement peuplé de brahmanes et d'autres serviteurs d'un temple assez mesquin, mais que la tradition attribue à la main d'un dieu, ce qui ne l'a pas préservé des secousses d'un tremblement de terre, et il a fallu recourir aux moyens humains pour qu'il ne s'écroulât pas tout-à-fait.

Un escalier mène du temple au lieu où se font les ablutions; un bassin, construit près de la rivière, et couvert d'un toit en planches, supporté par des piliers en bois, reçoit les eaux d'une source thermale qui y est amenée des montagnes par un conduit souterrain; une source d'eau froide, sortant d'un autre conduit, permet de donner au bain le degré de chaleur que l'on désire. L'eau thermale produit une vapeur épaisse qui exhale une odeur de soufre. Les deux sexes prennent le bain en même temps. La source thermale est conduite dans les maisons particulières, auxquelles elle procure une chaleur suffisante.

Un peu plus loin, une autre source thermale sort d'un rocher par une fente; il n'y a pas de bassin pour la recevoir. Le pèlerin en prend l'eau dans le creux de la main pour se la verser sur le corps, cérémonie qui a pour but de se réconforter autant que de satisfaire sa dévotion, car l'eau de l'Alacananda est si froide, même en été, que, après s'y être baignés, les fidèles sont bien aises d'avoir recours à un peu d'eau réchauffée. Il existe plusieurs autres sources d'eau thermale, qui ont chacune leurs vertus et leurs dénominations particulières; les brahmanes savent en tirer bon parti, de sorte que le pèlerin, en pratiquant successivement les ablutions requises, voit en même temps diminuer sa bourse et la somme de ses péchés.

Le temple de Bhadrinath jouit de propriétés considérables; tous les villages qui lui appartiennent sont florissants et bien cultivés. Indépendamment des revenus qu'il tire de ses sources, il reçoit de chaque pèlerin une aumône proportionnée aux besoins de celui-ci. Les dons sont disposés sur trois plateaux séparés : l'un pour l'idole, l'autre pour sa garde-robe et sa table, le troisième pour le grand-prêtre.

Ces présents sont volontaires; plusieurs pèlerins prennent l'extérieur de la pauvreté pour payer moins; d'autres, au contraire, mettent au pied de l'idole tout ce qu'ils possèdent et se confient à la charité publique pour s'en retourner chez eux. Le nom de chaque fidèle et le montant de ce qu'il a donné sont soigneusement inscrits sur un registre, mais ce registre est caché aux regards des yeux profanes. De gros négociants du Décan ont distribué et dépensé des laks de roupies pour ces pèlerinages. En retour de son offrande, le pénitent reçoit une portion de riz cuit équivalant à ce qu'il donne ; c'est une indulgence plénière.

On estime à cinquante mille le nombre des pèlerins venus cette année à Bhadrinath ; la plupart étaient des djoghis (pénitents), pèlerins venus des cantons les plus reculés de l'Hindoustan.

Les cérémonies ne diffèrent en rien de celles pratiquées dans les autres lieux d'ablution religieuse.

Après avoir lavé leurs impuretés personnelles, ceux dont les pères sont morts, et les femmes qui ont perdu leurs maris, se font couper les cheveux, ce qui peut être considéré comme un témoignage de douleur, et en même temps un acte de purification qui rend plus parfait pour paraître devant Dieu Un jour suffit pour accomplir tous ces rites ; peu de pèlerins restent là plus de deux jours. Les grandes troupes en étaient déjà parties, parce qu'ils cherchent à gagner les montagnes avant le retour des pluies périodiques ; dans ce moment il n'arrive guère plus d'une quarantaine de pèlerins par jour. Au milieu de juin, tous les habitants du pays inférieur auront décampé ; il ne restera plus que quelques traînards du midi.

Ce n'est qu'en traversant des défilés très resserrés que l'on remonte de Djosimath à Bhadrinath et au-delà, le long de l'Alacananda. Il en a coûté des peines infinies pour rendre la route praticable. Beaucoup de voyageurs, peu accoutumés à parcourir des cantons âpres et sauvages, ne pénètrent dans ces gorges qu'avec des sentiments de vague terreur. Les montagnes sont généralement arides ; les chaînons inférieurs, moins exposés aux vents, sont revêtus de verdure et d'arbrisseaux ; la neige couvre généralement les hautes cîmes au nord. A mesure que l'on approche, on sent que les vêtements chauds sont absolument nécessaires ; même au mois de juin, les matinées sont fréquemment sombres, le vent glacial et perçant ; la neige qui, dans quelques endroits, paraît avoir soixante pieds de profondeur, cache le lit de l'Alacananda ; la gelée la rend si ferme, qu'à peine le pied y laisse son empreinte. Tel est le coup d'œil dont on jouit à Bhadrinath : il est situé par 30° 42" de latitude.

De Bhadrinath à Manah on traverse plusieurs petits torrents formés par la fonte des neiges. Quelques-uns tombent en cascades successives du sommet des hauteurs, ce qui forme un coup d'œil d'une beauté imposante. Dans ces cantons, chaque rocher est sanctifié par une tradition religieuse, et l'Hindou ne le regarde qu'avec vénération, en récitant des prières.

Djosimath, village situé dans un ravin, aux deux tiers de la montagne, est préservé, par sa situation, du vent glacial de l'Himalaya. Il est vis-à-vis le confluent de l'Alacananda et du Daouli ; on y arrive par des escaliers taillés dans le roc. Il consiste en à peu près cent cinquante maisons bâties très proprement en granit, couvertes en bardeaux, et entourées d'une cour close avec une terrasse en gazon. Les rues sont pavées, soit avec des cailloux roulés, soit avec des éclats de rocher. En y arrivant, le premier objet qui frappe l'attention est une espèce de moulins à eau placés sur la pente de la montagne, à une cinquantaine de pieds de distance les uns des autres, et mis en mouvement par un torrent que l'on fait passer par un canal creusé dans des troncs de sapin.

Le grand-prêtre vient passer les six mois de l'hiver à Djosimath, où l'on voit plusieurs temples ornés de statues.

Nandaprayaga, au confluent de l'Alacananda et du Nandacni, est le plus septentrional des cinq prayagas ou confluents du Gange et d'une autre rivière, où les chastras, livres sacrés des Hindous, enjoignent de faire des ablutions pour la purification de l'âme. Plus au nord, la rapidité des courants exposerait les fidèles à trop de dangers.

Carnaprayaga, au confluent de l'Alacananda et du Pindar, est aussi nommée dans les chastras; ce village ne contient qu'une dizaine de maisons. Lorsque les Anglais s'y trouvaient, ils ressentirent plusieurs secousses de tremblement de terre et descendirent dans la vallée, où ils séjournèrent quelque temps, en proie à de vives inquiétudes. Avant de descendre dans la vallée leurs tentes étaient dressées sous des rochers en saillie; tout, autour d'eux, prouvait que ces teribles commotions étaient aussi fréquentes que désastreuses.

Rhondaprayaga, au confluent de l'Alacananda et du Keliganga, est comme le précédent, un de ceux que nomment les chastras; on y voit un petit temple et quelques maisons habitées par les brahmanes. Un peu plus loin s'élève, à une hauteur de trente pieds, le

Bhem-Catchala, gros fragment de rocher qui a trente pieds de diamètre; il est creux dans l'intérieur et forme une coupole avec deux ouvertures au sommet du cintre.

Dans ce pays montagneux, le gouvernement a pris beaucoup de peine pour rendre les routes praticables, afin de tenir les communications avec les lieux saints chez les Hindous aussi faciles que possible. Des escaliers ont été taillés dans le roc, des pierres ont été placées sur quelques points pour en faciliter l'accès. Les pèlerins qui voyagent en petites troupes et qui passent la nuit là où ils trouvent un endroit propice, ont établi de petites demeures sur le bord des rivières, sous les cavités des rochers, et y passent la nuit. Des maisonnettes nommées thabouthras, construites en pierres sèches, sont généralement établies sous de grands arbres, à l'abri desquels il se tiennent contre la chaleur et pour préparer leurs repas.

On rencontre à Rhondaprayaga des pèlerins revenant de Kernath, sanctuaire à la source du Mandacin; quoiqu'il ne soit éloigné que de quinze milles en ligne directe de Bhadrinath, on ne peut aller de l'un à l'autre qu'en revenant à Rhondaprayaga, parce que des masses de neiges éternelles rendent inaccessible l'espace qui les sépare.

Le chemin de Kernath est très difficile; il faut, en plusieurs endroits, faire de longs trajets sur la neige. On dit que, cette même année, plus de trois cents pèlerins avaient succombé à l'inclémence du climat et à leurs fatigues.

Serinagor, sur la rive droite de l'Alacananda, qui coule ici de l'est à l'ouest, était une ville considérable avant l'invasion des Gorkas et les ravages des tremblements de terre. Toutes les maisons sont en pierre de taille et ont fort peu d'apparence. De l'autre côté de la rivière, des hameaux, placés aux pieds des montagnes, ont des temples plus ou moins célèbres.

Nos voyageurs furent témoins d'une cérémonie singulière, nommée bhart ou bhéda ; c'est une espèce d'offrande propitiatoire faite au génie des montagnes, pour qu'il répande ses bénédictions sur le pays et le préserve des dégâts causés par les rats et les insectes. On attache une corde très longue à un pieu planté sur le bord de la rivière, et l'autre, portée par une centaine d'hommes, au sommet d'une montagne haute de près d'un mille, est passée dans un bloc de bois mobile, et nouée solidement autour d'un gros arbre. Un homme de la caste des Nats ou sauteurs, se place en travers du billot, et, sans être attaché à ce dangereux véhicule, ni muni de rien pour conserver l'équilibre, à l'exception de quelques sacs de sable noués à ses jambes et à ses cuisses, il s'élance et parvient presque toujours heureusement en bas. C'est ce qui arriva en présence des Anglais. Ce pronostic fut regardé comme très heureux, et les chefs de la ville récompensèrent généreusement le hardi sauteur. S'il fût tombé, il eût sans doute été tué dans sa chute ; dans tous les cas, sa mort est la punition de cet accident ; car si, après la chute, il conserve un souffle de vie, on lui tranche la tête, qui est offerte comme une expiation au génie des montagnes courroucé. Cette coutume est en usage dans plusieurs pays des montagnes ; on y a recours après une mauvaise récolte.

A Devaprayaga, au confluent de l'Alacananda et du Bhaghirati, se trouve un temple auquel les brahmanes donnent une antiquité de plus de mille ans. L'Alacanda vient du nord-est, et le Bhaghirati du nord-ouest. La source de ce dernier est par 31° de latitude, à deux milles environ de Gangantri.

La rivière sort de bouches de glace épaisses de plusieurs pieds, de dessous une arcade basse, au pied d'une masse solide et perpendiculaire de neige glacée, haute de trois cents pieds, formée probablement depuis un grand nombre de siècles. Du bord de ce mur de glace pendent de longs et raboteux glaçons ; ils ont sans doute donné lieu à la tradition mythologique qui fait sortir le Gange des cheveux de Machadéva. La rivière avait, à cette époque de l'année (29 mai), au point où elle se dégage de dessous les glaces, vingt-sept pieds de largeur, un pied de profondeur, et coulait doucement.

Les Anglais s'avancèrent un mille et demi plus loin, en marchant toujours sur la neige. Ils se trouvèrent à quatorze mille six cents pieds d'altitude ; le point où le Gange devient visible n'est qu'à treize cents pieds d'altitude.

De Gangantri jusqu'à ce point, ils marchèrent sur la neige, tantôt sur les rochers, le long des bords du Bhaghirati, tantôt sur ceux qui remplissent son lit ; il diminue toujours de largeur, quelquefois il se cache sous des voûtes de glace ; un grand rocher qu'il entoure offre une ressemblance grossière avec le corps et la bouche d'une vache. L'imagination ayant attaché l'idée de l'objet qu'elle croyait voir à un creux qui se trouve à l'extrémité de ce rocher, l'a nommé Oaou-Makhi, la bouche de la vache, qui, selon la croyance populaire, vomit l'eau du fleuve sacré.

La vallée se termine à la sortie du Bhaghirati de dessous la glace, amoncelée au pied d'un rocher escarpé comme un mur. Il n'existe plus de sentier, plus de végétation, on est complètement entouré de neige et de glace, dont il se détache des fragments qui tombent avec bruit du haut des montagnes.

Suivant la mythologie des Hindous, Ganga est fille d'Himavati, la plus grande montagne : Guïna, sa sœur, est épouse de Machadéva, le pouvoir destructeur. Le nom de Machadéva-Calcutta est donné au pic gigantesque de l'Himalaya, qui domine Gangantri.

La dénomination de Ganga vient de ce que le fleuve traverse la terre (Gang) ; celle de Bhaghirati, de ce que le roi Bhaghirata, Hindou très pieux, pratiquait ses dévotions sur un rocher au milieu des eaux ; à Gangantri, la rivière a là cinquante pieds de largeur et trois de profondeur ; son cours est tranquille. On voit sur ces bords un petit temple en bois qui renferme une grande pierre portant l'empreinte du pied de Ganga.

Avant de visiter Gangantri, les pèlerins se rasent et ensuite se baignent à Gauricound, grand étang éloigné de six cents pas du terme du voyage, et d'où sort un grand torrent. On a creusé dans le lit du Bhaghirati trois bassins où les pèlerins se baignent en s'y plongeant. Le premier a la même dimension que la rivière, c'est l'eau pure de Ganga, qui n'est souillée par l'eau d'aucun ruisseau. Un grand temple, couvert en bois, renferme la statue de cette divinité en pierre rouge, et plusieurs autres idoles. Un brahmane, qui réside ordinairement à Dhéroli, situé quelques lieues plus bas, vient passer les trois mois de la saison à Gangantri, où il fait apporter tout ce qui est nécessaire à l'existence, et où l'on n'aperçoit, de toutes parts, que des montagnes dont les sommets sont couverts de neige ; leurs parties inférieures sont couvertes de gazon avec quelques bouleaux épars. Les approches de Gangantri sont si difficiles, que ce lieu n'est fréquenté que par des pénitents.

Au-dessus de leur confluent, l'Alacananda est la plus large et la plus profonde des deux rivières ; elle a cent quarante-deux pieds d'une rive à l'autre, et, dans la saison des pluies, monte à quarante-six pieds au-dessus de son niveau ordinaire. On la passe sur un pont de bois suspendu, qui est à cinquante pieds d'élévation, et qui, néanmoins, dans la saison des grandes eaux, est souvent emporté par le courant. La largeur du Bhaghirati est de cent douze pieds ; il monte à quarante.

De la jonction de ces deux rivières résulte le Gange qui, au mois de mai, était large de deux cent quarante pieds au-dessus de Devaprayaga. Il coule à l'ouest et ensuite au sud, à travers des pays montagneux.

Les affluents de gauche de l'Alacananda viennent du Kemâon, territoire britannique qui, à l'ouest, est séparé du Népaul par le Cali. Dans la partie septentrionale qui confine à l'Himalaya, on trouve le Niti-Gath ou col du Niti, par lequel on pénètre, avec des difficultés extraordinaires, dans l'Acendès, province du Thibet ; sa surface offre une suite de montagnes qui s'entre-croisent et augmentent de hauteur en allant au nord.

Ce pays est habité par les Kasyias, qui ont le teint moins foncé que celui des tribus des plaines ; cependant leurs traits annoncent qu'ils appartiennent à la grande famille hindoue. Ils sont d'un caractère apathique. Les Anglais ont gardé le Kemâon,, après en avoir expulsé les Gorkas; la capitale de ce pays est Almora, sur une montagne, à mille quarante-neuf toises d'altitude

L'aspect général du pays est d'une tristesse imposante ; amas de montagnes stériles et couronnées de neige, courant tantôt en petites chaînes parallèles, tantôt offrant un amas confus de pics blanchis, de cavités où apparaît une teinte sombre, là où croît la végétation.

Du côté du Gherval, dans la partie méridionale, la scène change d'aspect : quelques montagnes sont boisées, et tranchent sur la couleur des rochers brûlés et stériles du plus grand nombre de ces lieux élevés. Nos voyageurs remarquèrent sur les moins hautes montagnes de vastes forêts de chênes, de houx, de marronniers d'Inde, de pins et de sapins. A leur ombre croissent des fraisiers dont le fruit est d'une saveur exquise; mais une portion considérable est inhabitable et ne peut même servir tout entière de retraite aux bêtes sauvages.

Nous avons suivi jusqu'ici le récit des voyageurs, en ayant soin de n'altérer en rien leurs descriptions. Nous allons raconter la manière dont les trois Anglais et leur suite opérèrent leur retour. Dans ces contrées de hautes montagnes, le voyageur n'est pas à même de choisir les routes qu'il lui conviendrait de suivre pour satisfaire son plaisir de voyager. Il doit suivre les routes pratiquées et qui lui offrent le moins d'obstacles. Aussi, le récit de M. Wilson recommence-t-il à une assez grande distance des sources du Gange.

Nous traversâmes, dit-il, des contrées presque inaccessibles, franchîmes des rivières sur des ponts suspendus ; les Hindous, surtout dans le Gherval, où peu de rivières sont navigables, ont devancé les Européens dans l'invention des ponts suspendus ; mais ils n'y mettent pas tant d'apprêts et de matériaux dans la construction : elle est fort simple. Deux forts câbles sont solidement fixés d'un rocher de la rive droite à celui de la gauche. Ces câbles reçoivent un tablier en planches, et sont garnis tout le long du parcours et des deux côtés de bois légers, souvent de bambous. Voilà leurs garde-fous. A chaque pas que fait le voyageur sur ce plancher, il le sent onduler sous pieds ; les bêtes de somme se montrent souvent récalcitrantes, alors il faut leur bander les yeux et les tirer attachées à la suite les unes des autres ; il arrive de fréquents accidents. Il y a une autre manière encore plus simple de traverser les rivières. Un seul câble est attaché aux deux rives ; un grand panier, suspendu à une poulie, reçoit le voyageur aérien, et de la rive opposée, on le tire avec une corde. Il y a des passages qui ne s'effectuent que par le voyageur : il s'aide des pieds et des mains pour faire couler le panier.

Au passage d'une rivière dont j'ai oublié le nom étrange, nos montures refusèrent, quoique déchargées, de marcher sur le pont suspendu ; cela faillit nous amener un accident qui pouvait terminer notre voyage dans ces contrées sauvages. Forcés de camper sur le bord de la rivière, l'emplacement que nous avions choisi pour dresser nos tentes était abrité, du côté du nord, par un gros bloc de rocher, entouré d'arbres d'une vigoureuse végétation. Nos gens, après avoir donné aux montures et aux bêtes de somme les soins et la pitance nécessaires, se disposaient à se livrer au sommeil, lorsqu'une bouffée de vent nous apporta un bruit rauque, mais affaibli et qui ne s'entendait que par intervalle. Un de nos guides, après avoir écouté quelque temps, s'écria d'une voix effrayée : Les torrents ! les torrents ! Heureusement que la charge de chaque bête était auprès d'elle, et qu'il ne fallait qu'un instant pour la charger. Nos Hindous oublièrent leur apathie et se mirent à défaire le campement, à charger les bêtes et à les diriger vers la route que nous avions déjà parcourue. Nos cipayes enlevèrent les tentes et autres bagages ; il était temps. La puissante voix des eaux grondait comme le tonnerre à travers des lits de torrents, à environ un demi-mille de la vallée d'où nous décampions en toute hâte. Je ne crois pas avoir jamais entendu un pareil bruit, un pareil fracas, même aux jours de tempêtes sur les bords de l'Océan. Les eaux jaillissaient comme des avalanches de neige, épandant dans l'air une pluie fine à une assez grande distance. Nous fûmes bientôt ensevelis dans un brouillard épais, dense et pénétrant. Une de nos bêtes s'abattit, nous la laissâmes sur place ; derrière nous les clapotements redoublés de l'eau nous avertissaient du danger. Nos voix étaient étouffées par ce bruit sans nom, même quand nous essayions de crier. Nous allions à la file, hâtant la marche et écoutant avec terreur les clapotements qui nous poursuivaient ; enfin nous atteignîmes un point élevé où le brouillard, condensé par le froid de l'atmosphère, ne pouvait plus monter. Au-dessus de nos têtes, les espaces du ciel s'étendaient calmes, transparents et parsemés de millions d'étoiles. Ce calme solennel en haut, ce tumulte effrayant en bas, avaient quelque chose de si saisissant, que j'oubliai un instant le danger auquel nous venions d'échapper, pour rester dans une silencieuse contemplation. Nous n'étions pas encore hors de danger : le même guide nous avertit qu'il était à craindre que l'ébranlement de l'air et du sol, car je crois en vérité que le poids de ces effrayantes masses d'eau, s'abattant des lieux élevés à une grande hauteur, ébranlait le sol sous nos pieds, qu'il était à craindre, nous dit-il, qu'ils ne détachassent quelque fragment de cet entassement de rochers suspendus au-dessus de nous, et que nous fussions écrasés par leur chute. Arrivés sur un plateau en-dehors des ébranlementss, nous fîmes une halte positive, et, tandis que les nôtres remettaient de l'ordre dans nos bagages, je m'assis sur un point d'où mes regards embrassaient la vallée envahie par les eaux. Elle était couverte d'une espèce de nuage qui tourbillonnait comme l'eau d'un gouffre; au-dessous murmurait un bouillonnement assourdissant, entrecoupé de ces éclats de flots tombant sur les rochers, puis de ce sourd grondement d'une masse s'abîmant dans une masse d'eau inférieure. Le jour pointait, le froid se faisait sentir au point de rendre la respiration visible. Je sentis qu'il y avait un courant d'air qui suivait la course échevelée des torrents et s'ouvrait un passage à travers le brouillard qui voilait la vallée. Le soleil parut vers les contrées basses du Gherval, mais ce ne fut qu'un instant; un pic gigantesque le déroba à mes regards. Je fus surpris des effets de lumière que produisit cette espèce d'éclipse; durant quelques minutes, la lumière enveloppa les deux côtés et le sommet comme un voile de pourpre qui s'affaiblissait sur la gauche et grandissait sur la droite. Quand ce bord du disque du soleil dépassa la masse du pic, le voile de pourpre semblait se retirer de la gauche et s'avancer pour draper de son brillant éclat la partie restée sombre jusqu'à ce moment. Ces spectacles ne peuvent se décrire.

Les rayons, en tombant d'abord un peu obliquement sur les vapeurs qui voilaient la vallée, les teignirent de ces vives et brillantes couleurs qu'on remarque souvent dans les nuages au soleil couchant; l'éclat n'affectait point les yeux, malgré la rapidité de ses nuances, mais il m'occasionna un effet singuglier : il me sembla que tout tournoyait autour de moi et que mes yeux ondulaient dans leur orbite comme les vapeurs ondulaient sur la vallée.

Une heure environ après, les vapeurs nuageuses avaient disparu, et la vallée m'offrait l'aspect d'un lac tumultueux. Le pont suspendu avait été enlevé, on le voyait suivre un léger courant qui descendait la pente de la vallée. Les eaux, qui tombaient toujours des hauteurs, envahissaient le pied des montagnes, car elles ne trouvaient pas un passage assez large pour leur écoulement. Ce fut à la vue de ce tableau, aussi vaste qu'imposant, que nous prîmes notre repas, puis nous allâmes chercher un peu de délassement et de sommeil dans les hamacs suspendus sous les tentes.

Ce fut le seul danger véritable que coururent nos voyageurs, jusqu'à ce qu'ils atteignissent, non sans de nombreuses fatigues, la route frayée et très praticable qui conduit à Dehli.

XIII. — DEHLI.

C'est en cheminant au milieu des ruines, le long de la paisible Djemma, que l'on arrive sur l'emplacement de l'ancienne Dehli. On aperçoit, à l'extrémité septentrionale, des murs qui l'entourent, et, à un mille et demi de ceux de la nouvelle cité, des tours et d'autres débris d'un monument magnifique. On ignore aujourd'hui le nom de l'homme puissant et sans doute célèbre dans son temps, en l'honneur duquel ce bâtiment fut élevé.

Ailleurs, le Kottab-Minar s'élève majestueusement; on regarde cette colonne de Kottab comme la plus élevée que l'on connaisse. Sa base circulaire forme un polygone de ving-sept côtés, et le fût est cannelé jusqu'au troisième étage en vingt-sept divisions, tantôt circulaires, tantôt anguleuses, les cannelures étant différentes à chaque étage. Quatre balcons règnent autour de la colonne : le premier a quatre-vingt-dix pieds, le second cent quarante, le troisième deux cent trois pieds au-dessus du sol; la hauteur entière du Kottab-Minar est de deux cent quarante-huit pieds; il est en granit rouge auquel ont été mêlés des marbres noirs et blancs. Un escalier en spirale, dans l'intérieur, conduit, par trois cents marches, jusqu'au sommet; il était jadis couronné par une coupole qui, aujourd'hui, n'existe plus. Des ouvertures percées dans la paroi admettent l'air et la lumière. Les restes de coupoles et d'arcades dont elle est entourée forment le côté oriental d'une mosquée en granit rouge, commencée par Kottab-eb-Din, vice-roi de Moamed-Gaury, sous le règne duquel il prit Dehli en 1193; les sculptures de ce portique sont travaillées avec un soin et une délicatesse infinis; on les admire encore, car ces monuments n'ont rien perdu de leur fini précieux.

A l'époque de sa grandeur, Dehli occupait un espace de trois lieues carrées; c'est en effet l'espace que couvrent encore ses ruines. Son origine est inconnue; les Hindous rapportent qu'elle fut bâtie par le radjah Dehu, qui vivait du temps d'Alexandre-le-Grand. La puissance des princes indigènes fut renversée par les Afghans ou Patans, qui s'emparèrent de Dehli en 1193. Durant leur règne, Tamerlan prit et pilla Dehli en 1398. Baber, un de ses descendants, mit fin à la puissance des Afghans en 1525, et commença la dynastie des empereurs Mogols, qui subsiste encore aujourd'hui, mais privée et dépouillée de l'autorité.

Les nombreuses vicissitudes que Dehli a subies y ont accumulé les ruines de différents âges; celles de l'ancienne architecture des Hindous y partagent l'intérêt du spectateur avec celles des Musulmans leurs vainqueurs. Les premiers disent que les tombeaux de cinquante mille saints ou martyrs y furent trouvés parmi les débris de temples et de palais. Dans les temps de la gloire de Dehli, des bosquets et des jardins déployaient leur verdure fraîche et leurs guirlandes de fleurs sur une terre aujourd'hui absolument aride.

Abkar, le plus grand des souverains de la dynastie mogole, transporta le siége de l'empire dans la ville d'Agra; cet événement accéléra la ruine de Dehli, qui devint déserte. Cependant il lui restait encore une ombre de splendeur, lorsqu'en 1621 l'empereur Châh-Djehan fonda la nouvelle Dehli, qui, d'après lui, fut nommée Châh-Djehannabad, qui devint la capitale de l'empire ; elle a près de dix lieues de circuit. Ce fut sous le règne d'Aurengzeb, successeur de Châh-Djehan, qu'elle parvint au plus haut degré de splendeur.

Ce monarque avait continué les conquêtes commencées par ses ancêtres, et, à l'époque de sa mort, en 1707, son empire s'étendait, au nord, jusqu'à l'Himalaya; au levant, jusqu'à l'Arrakan et à l'Assam; au sud, jusqu'à la mer, à l'exception de quelques principautés dans la partie méridionale et le long de la côte occidentale de la presqu'île ; à l'ouest, au-delà de l'Indus.

Les relations des voyageurs qui visitèrent les états du grand Mogol dans le cours du XVIIe siècle, font une description si pompeuse de la richesse, de la somptuousité, du luxe prodigieux qui les entourait, qu'on croit lire les fictions des *Mille et une Nuits*. Un seul trône du grand Mogol fut estimé, par Tavernier, cent soixante millions de son temps. Douze colonnes d'or, qui soutenaient le dais de ce trône, étaient entourées de grosses perles ; le dais était de perles et de diamants, surmonté d'un paon qui étalait sa queue de pierreries ; tout le reste était proportionné à cette étrange magnificence.

Le jour le plus célèbre de l'année était celui où l'on pesait l'empereur dans une balance d'or en présence du peuple, et, ce jour-là, il recevait pour plus de cinquante millions de présents.

Le décès d'Aurengzeb mit un terme à cette grandeur ; ses enfants se disputèrent son trône, où quelques-uns ne s'assirent que peu de jours. Durant cette période de discussions sanglantes entre des frères et des parents, de meurtres, d'atrocités mêlées de débauches et d'un déploiement de luxe effréné, aucun des princes qui prirent successivement le nom d'empereur ne put maintenir son autorité sur les radjahs et soubas (ou vice-rois et gouverneurs) qui, à l'envi, se rendirent indépendants.

Au milieu de ces troubles, les Maratthes brûlèrent, en 1735, les faubourgs de Dehli. Nadir-Châh, plus connu sous le nom de Thamas-Koulikan, qui régnait en Perse, envoya, en 1737, à Dehli, pour réclamer contre l'asile donné à des Afghans émigrés, et demander qu'ils fussent remis entre ses mains. Les réponses évasives données par Mohammed-Châh, qui occupait alors le trône du grand Mogol, servirent de prétexte au conquérant pour entreprendre une expédition contre l'Hindoustan ; son véritable but était de s'emparer des trésors de l'empire. La faiblesse de cet état, les intrigues qui divisaient la cour de Dehli, les intelligences qu'il entretenait avec quelques principaux omrhas (grands officiers), lui aplanissaient tous les obstacles. Il traverse l'Afghanistan, passe à gué ou sur des ponts de bateaux l'Indus et ses affluents, met en déroute les armées qu'on lui oppose, et entre dans Dehli le 2 mars 1739. Il inonda de sang cette capitale, dont les habitants s'étaient soulevés contre lui ; pendant plusieurs jours elle fut livrée au pillage et au massacre par ordre de Nadir-Châh ; pour échapper à l'avarice, à la fureur, à la brutalité des Persans, des familles entières mirent le feu à leurs maisons et se précipitèrent dans les flammes. Le nombre total des victimes fut de cent mille, selon le voyageur Otter. Une grande partie de la ville fut consumée.

Quand le massacre eut cessé, Nadir-Châh replaça sur le trône Mohammed-Châh, se fit céder par ce prince les provinces à l'ouest de l'Indus, et le 16 mai quitta Dehli, emportant, suivant les uns, un butin évalué deux milliards. Le fameux paon du trône en faisait partie.

L'invasion de Nadir-Châh avait porté le dernier coup à la puissance de l'empire mogol; il finit par être complètement démembré, et la possession éphémère d'un pouvoir à peu près nul ne cessa pas d'occasionner des scènes sanglantes.

En 1753, Dehli fut pillée une seconde fois par Amet-abd-Assi, roi de Caboul. Le palais du grand Mogol Alem-Ghir fut dépouillé de tout ce que Nadir-Châh avait dédaigné; les murs de marbre furent brisés pour enlever les pierreries qui y étaient incrustées.

Châh-Alem II, qui monta sur le trône en 1760, fut chassé de sa capitale par les Maratthes, et se réfugia chez un de ses anciens vassaux devenu souverain indépendant. Celui-ci déclara, au nom de ce fantôme d'empereur, la guerre aux Anglais, déjà maîtres du Bengale et du Bahar; réduit par le sort des combats à se remettre à leur discrétion, la Compagnie des Indes lui rendit un territoire fertile et étendu, au-dessus d'Allahabad. De son côté, il lui céda, en 1765, la divannie ou recette générale à perpétuité, du Bengale, du Bahar et de l'Orissa. Ennuyé de la protection de la Compagnie, il revint, en 1771, à Dehli, où il ne tarda pas à devenir un instrument politique entre les mains des Maratthes, maîtres de cette capitale depuis 1770.

En 1788, Gôlam-Kadir, chef des Rahillers, nation vivant dans les montagnes, à l'est du Gange, s'empara de Dehli, maltraita et même tortura le malheureux empereur, pour qu'il lui découvrît où étaient ses trésors, et finit ensuite par lui crever les yeux, Il massacra, tourmenta et fit mourir de faim plusieurs membres de la famille impériale et des principaux habitants de la capitale, pour qu'ils lui fissent les mêmes révélations. Obligé, par l'approche d'un détachement de l'armée maratthe, de quitter la place, il fut pris dans sa fuite et expira dans les tourments du supplice.

Après sa délivrance, Châh-Alem mena une existence misérable ; les Maratthes, maîtres de ses états, lui donnaient un revenu à peine suffisant pour son existence et celle de sa famille, s'appropriant l'usage de tout ce qui lui appartenait, et commettant les crimes les plus atroces sous le nom de leur prisonnier.

Cette déplorable période dura jusqu'en 1803 ; alors Daoulet-rô-Sindia, chef des Marattes, s'étant brouillé avec la Compagnie anglaise, lord Lake marcha contre lui, le défit près de Dehli le 11 septembre, et, le lendemain, entra dans cette capitale. Les succès antérieurs des Anglais ayant anéanti la puissance des Maratthes dans l'Hindoustan supérieur, le gouvernement de Calcutta prit des engagements pour l'entretien de l'empereur et de sa famille. On commença par lui rendre toutes les maisons, les jardins et les terres dont les Maratthes l'avaient dépouillé ; on lui concéda aussi, sur la rive droite de la Djemma, un territoire dont les revenus appartiendraient à l'empereur et seraient perçus en son nom, sous la surveillance du résident britannique.

On lui laissa aussi une ombre d'autorité dans l'administration de la justice locale.

La tranquillité de Dehli ne fut pas troublée jusqu'en octobre 1804. Alors Holcar, chef des Maratthes qui battait en retraite devant lord Lake, envoya son infanterie avec un train formidable d'artillerie pour battre la place. Le siége commença le 7 du mois; par suite de causes dues à l'urgence des circonstances qui avaient forcé d'envoyer des troupes de différents côtés, la garnison était trop faible pour la défense d'une aussi forte cité, dont les remparts étaient d'ailleurs accessibles de tous côtés, et, de plus, elle contenait trois cents Mevars, qui sont des voleurs de profession, et un corps de cavalerie irrégulière sur la fidélité duquel on ne pouvait compter. Les uns et les autres justifièrent leur réputation en se débandant à l'approche de celui qui, en conséquence, vint tout près des murs. Bientôt les Maratthes ouvrirent leur feu et firent plusieurs brèches. Ayant essayé l'escalade, ils furent repoussés et levèrent le siége au bout de neuf jours.

Châh-Abas survécut à ces événements, au mois de décembre 1806 il termina son règne long et calamiteux. Akbar, son fils aîné, lui succéda sans contestation. Cet empereur sans pouvoir réside à Dehli; on lui rend tous les honneurs dus à celui qui exerce la puissance suprême. Il demeure dans un palais gardé par des soldats du gouvernement britannique; les étrangers lui sont présentés après que la demande en a été faite par le résident anglais. Il répond gracieusement à la requête, et les étrangers sont conduits auprès de lui en grande pompe par le résident anglais. Akbar II, qui règne aujourd'hui, vit d'une pension de quatre millions de francs que lui fait la compagnie anglaise. Son palais, d'une architecture magnifique, offre des traces de décadence ; on y est assailli par un essaim de mendiants, ce sont les femmes et les enfants des gens attachés aux écuries du palais.

XIV. — DÉPART DE DEHLI. — RENCONTRES DIVERSES.

M. Wilson, désireux d'avoir une audience du successeur de princes qui avaient joui d'une si pompeuse puissance sur la terre, la fit solliciter, ou pour mieux dire, la fit annoncer par le résident de la Compagnie, dans le palais duquel il avait été reçu avec une partie de son escorte. Cette audience fut fixée au jour suivant. Nous en ferions la description, si tous nos lecteurs ne savaient pas ce qui en est à cet égard.

Lorsque M. Wilson était occupé à visiter en détail Dehli, l'ancienne capitale de l'empire du grand Mogol, il reçut des dépêches de Calcutta qui rendaient son retour en cette ville on ne peut plus urgent. Sans attendre l'escorte que lui promettait le résident, mais qui ne pouvait se mettre en route que dans la huitaine, lui et ses deux compagnons, ayant pour toute escorte cinq cipayes et leurs domestiques ordinaires, se mirent en route pour Calcutta. Profitant des routes les plus frayées, ils ne se tracèrent d'itinéraire que celui que suivaient les troupes anglaises dans leurs mouvements dans cette partie de l'Hindoustan. Ne voyageant plus que par la nécessité de franchir promptement les distances, ils ne s'arrêtaient que pour prendre du repos et passer les nuits; aussi le journal de leur voyage ne contient-il plus de descriptions de villes et de lieux remarquables.

Nous avions quitté Dehli de cinq jours, dit-il, et la nuit nous surprit dans une contrée peu habitée, au confluent de deux petits ruisseaux. Nos montures et bêtes de somme, avec nos deux éléphants, se tenaient sous un massif d'arbres dont les éléphants abaissaient les rameaux pour en brouter le feuillage. Notre escorte et nos gens de service venaient d'achever leur repas du soir, et nous allions entrer dans nos tentes pour nous livrer au repos, lorsque nous entendîmes les lourds piétinements de nos éléphants, puis deux ou trois hennissements précipités de nos chevaux.

Ces mouvements extraordinaires attirèrent notre attention, et j'envoyai un cipaye examiner la cause de ce bruit insolite. Il n'était pas encore de retour quand nous entendîmes un fort rugissement partant de la gauche de notre campement. L'approche d'une bête féroce nous était annoncée, mais quelle était-elle?... Les trépignements et l'agitation de nos bêtes nous prouvaient qu'elle était véritablement à craindre. Nous prîmes nos armes et sortîmes réunis, en nous rapprochant du lieu où se trouvaient nos animaux. Si le tigre rugissait, nous dirent nos hommes chargés du soin des bêtes, nous croirions qu'il y a un tigre dans le voisinage; mais c'est le rugissement du lion, et, dans cette partie de l'Hindoustan, on n'en voit guère. On alluma à la hâte des feux autour du parc, et chaque homme se tint en sentinelle et armé.

Un des deux éléphants avait, avec sa trompe, délié le câble qui le retenait autour d'un gros tronc d'arbre, et refusait d'obéir à son cornac ; le second trépignait et donnait des marques non équivoques de mécontentement. Tandis que nous cherchions à rétablir ce désordre, nos autres animaux rompaient leurs liens et couraient d'une manière qui annonçait une terreur profonde. Je fis venir tout notre monde pour comprimer ces mouvements tumltueux. Soudain retentit un coup de feu, puis, presque sur-le-champ, un cri terrible, mais un cri sorti d'une poitrine humaine. Le frisson parcourut mon corps : un de nos cipayes venait d'être enlevé par un lion.

Nous étions dans nos jours de malheur : l'éléphant qui s'était détaché avait tué deux de nos bêtes de somme et estropié un de nos domestiques. Le lendemain notre campement offrait l'aspect du plus complet désordre.

Enfin nous voilà en route, encore émus de cette nuit d'agitations, et nous hâtant de quitter ces contrées boisées et peu habitées.

Nous fîmes la rencontre d'une troupe de pèlerins qui revenaient des lieux saints ; ils nous demandèrent de se mettre sous notre protection, parce que le pays était agité et parcouru par des bandes de gens armés.

Ainsi nous formions une véritable caravane qui allait en diminuant de nombre à mesure que nous avancions dans le pays, et nous atteignîmes ainsi des contrées plus sûres et moins agitées. La manière dont vivent ces pèlerins est simple : ils ont leurs heures de prières auxquelles ils ne manquent jamais ; leur nourriture consiste en riz bouilli et peu d'autres aliments. Au reste, ces gens-là n'ont que le nom et l'apparence de pénitents ; entre eux ils vivaient dans une défiance continuelle, et cette défiance était fondée, car, autant que j'en pus juger, la probité n'était pas leur vertu dominante. Malgré son apathie naturelle, l'Hindou est très ardent au gain, souvent peu délicat sur la manière de se le procurer. Je remarquai parmi les femmes une tendresse excessive pour leurs enfants, tandis que les hommes me semblèrent étrangers à ce sentiment naturel. Les enfants croissent presque sans soins, dans un état de malpropreté dégoûtant, et cependant ils croissent avec vigueur et dans tout le développement de leurs forces ; on ne leur apprend, du moins je l'ai remarqué pour les enfants de la caravane, que des formules insignifiantes de prières ; rien ne parle à leur intelligence ; c'est une chétive éducation qu'ils reçoivent.

Nous voyagions dans l'espace compris entre le Gange et la Djemma, que l'on a nommée Duab (deux eaux), pays triste à cause de l'aspect nu qu'il offre aux yeux du voyageur. Seulement, près des grands villages, nous apercevions des arbres éparpillés, mais souvent nous fîmes un trajet de plus de trois lieues sans découvrir un seul arbre. On n'y trouve que des arbustes réunis en buissons, seul chauffage que puissent se procurer les Européens. Nous remarquâmes du millet superbe ; sa taille s'élevait à dix pieds de tige. Ce fut avec sa paille hâchée que nous nourrîmes nos bêtes de somme, nos montures et nos deux éléphants.

On cultive aussi l'orge et la canne à sucre ; certains cantons produisent beaucoup de tabac ; c'est la seule des plantes introduites dans l'Hindoustan qui soit généralement recherchée. Toute cette contrée nous parut d'une grande fertilité, et pourrait nourrir une population infiniment plus nombreuse. La principale production du Duab est le coton ; on le dit d'une qualité supérieure. L'indigo, qui y croît spontanément, passe pour avoir une qualité supérieure à celle de l'indigo semé par l'homme. Nous fûmes frappés des variations de ce climat ; nous étions dans une saison assez favorable, cependant nous eûmes beaucoup à souffrir de la variation de la température. Dans la saison froide, quelquefois au lever du soleil, le thermomètre est au-dessous de zéro ; l'après-midi il indique seize degrés de chaleur. Quoique cette contrée soit tout entière soumise à la domination britannique, nous apprîmes, à nos dépens, que les vols à main armée y sont fréquents, quand le Gange et la Djemma sont guéables.

Nous apprîmes qu'une foire célèbre devait se tenir à Makenpour, en l'honneur d'un santon ; nous prîmes nos mesures pour y arriver le 1er septembre, jour de l'ouverture de cette foire. Nous nous éloignâmes donc un peu de la lisière du Gange d'environ neuf lieues. Partis le matin à quatre heures passées, nous arrivâmes à sept heures du soir. Le chemin, le long du dernier trajet, était bordé de fakirs qui priaient et qui mendiaient. Les environs de Makenpour sont jolis ; une petite rivière circule autour de l'éminence sur laquelle est située la ville et la mosquée, que des arbres masquent en partie ; nos tentes furent dressées dans un bocage de manguiers, à quelque distance de la foule.

Nous reçûmes la visite du prince fakir, accompagné d'un autre religieux à qui plusieurs Anglais avaient donné des certificats de bonne conduite ; nous retînmes le dernier pour nous servir de guide.

Montés sur nos éléphants et suivis de notre guide et d'un domestique, nous allâmes voir le rozèh ou tombeau du santon.

A la porte de la cour extérieure, nous fûmes reçus par un grand nombre de religieux, et conduits, à travers trois cours, jusqu'au tombeau. Il y avait dans chacune une quantité de fakirs hurlant, dansant, priant et faisant des contorsions extravagantes à l'excès.

Des tambours, le son aigre des trompettes, le bruit des grands bassins de cuivre battus avec des baguettes creuses, ajoutaient au bruit discordant de ces fanatiques. Les murs mêmes étaient couverts de spectateurs, et nous aurions eu beaucoup de peine à passer, sans les efforts des fakirs qui, comptant sur un riche présent de notre part, repoussèrent la foule avec violence ; ils repoussèrent même avec indignation la demande des plus scrupuleux, qui voulaient que nous ôtassions nos souliers, obligation à laquelle se conforment tous les habitants du pays. Le tombeau du santon est placé au centre d'un bâtiment carré, à chaque face duquel il y a une fenêtre dont une partie s'ouvre de temps en temps. Il est de la forme et de la dimension ordinaires et recouvert d'un drap d'or ; au-dessus s'élève un dais, également de brocart, parsemé avec profusion d'essence de rose. Nous fîmes le tour de l'édifice en regardant l'intérieur par chaque croisée ; ensuite nous allâmes à la mosquée, au-devant de laquelle sont une fontaine et deux chaudières prodigieuses où se fait un miracle perpétuel. Si on y jette du riz qui ne soit pas consacré, elles restent vides; cette jonglerie n'a rien de difficile, mais le temps nous manquait pour la voir exécuter. Fatigués de tous ces bruits tumultueux, nous commandâmes à notre fakir de nous reconduire à nos tentes, où il nous eût été difficile d'arriver sans secours.

En traversant la foire nous remarquâmes un homme qui montrait des serpents et un ichneumon. En moins de trois minutes celui-ci tua trois de ces reptiles, quoiqu'ils l'eussent enlacé et serré dans leurs replis. En arrivant à nos tentes, nous y trouvâmes plusieurs fakirs qui nous attendaient, car ils n'avaient pas osé se fier les uns aux autres, quoique chacun se considérât comme parfait. Nous leur donnâmes deux mohars d'or, pour lesquels ils se disputèrent terriblement.

Nous crûmes que nous passerions tranquillement la nuit, car nous avions pris nos précautions pour nous mettre à l'abri de vols, ces foires étant des rendez-vous pour tous les coquins de l'Inde. C'est une mauvaise engeance, qui pullule là où il y a de nombreux rassemblements.

Il n'était pas encore le milieu de la nuit lorsque j'entendis autour de ma tente des sifflements de reptiles; étonné et un peu effrayé, j'éveillai mes compagnons, et, sans donner trop l'alarme, nous nous répandîmes dans l'espace situé entre les tentes et le lieu où se tenaient nos gens chargés de surveiller les animaux et les gros bagages. Je ne fis pas la réflexion que ce n'est guère que durant l'ardeur du jour que rôdent les serpents. Je crus, et nous crûmes tous que le grand mouvement de la foule avait délogé ces reptiles, qui cherchaient une retraite... La vue de nos torches et des sabres que nous tenions à la main en nous dirigeant vers le point où les sifflements se faisaient entendre avec plus de force, attira bientôt les hommes qui les gardaient, et, tandis que nous poursuivions de prétendus reptiles, les habiles voleurs nous enlevaient plusieurs ballots ; il se passa alors un fait que refuseront peut-être de croire ceux qui ne connaissent pas l'intelligence dont est doué l'éléphant domestique ; le voici : La bande de voleurs avait placé du côté opposé à celui où étaient déposés les bagages plusieurs des siens qui imitèrent, à s'y tromper, le sifflement des serpents ; le reste se tenait à l'affût et comptait si bien sur le succès de leur tentative, qu'ils s'étaient munis de cordes et de longs crochets. Dès qu'ils virent les surveillants réunis à notre groupe de chercheurs, ils commencèrent lestement leur opération, et déjà chaque voleur, chargé de ballots, se retirait en longeant le camp de nos animaux. Il fallait descendre dans un ravin fort âpre ; ils avaient prévu ce cas : une corde très forte assujétie au pied d'un arbre, descendait jusqu'au fond du ravin, et devait servir à la descente du butin. Un de nos éléphants, auprès duquel les voleurs se préparaient, sans inquiétude de son côté, laissa assujétir les ballots, et, à l'instant où ils tenaient le bout de la corde pour la laisser couler sans bruit dans le ravin, l'animal intelligent saisit la corde avec sa trompe et se retira en arrière avec une combinaison si habile, qu'il entraîna le pieu auquel il était attaché, et, se trouvant libre, fit remonter tout le butin qui était déjà en voie de descente. Les gardiens accoururent au bruit de ses piétinements et furent ébahis en voyant l'éléphant entraîner un chapelet de ballots gros et petits ; car les voleurs avaient fait main basse sur tout. Ils prirent la fuite, et, quoique la nuit fût claire, ils purent se mettre à l'abri de quelques coups de pistolet qui furent tirés au hasard. Il ne nous manquait que deux petits ballots et une grosse malle où nous enfermions notre linge sale.

Mais le lendemain nous retrouvâmes dans le ravin la grosse caisse brisée en tombant sur les rochers ; nous n'avions perdu que deux petits ballots contenant des colifichets d'Europe pour distribuer des présents sur notre route.

Nous vendîmes nos éléphants et toutes nos autres bêtes de somme et de monture, et nous prîmes le parti de retourner sur les bords du Gange, d'y faire l'emplette de deux bateaux plats, afin de descendre jusqu'à son embouchure et de gagner ensuite Calcutta. Cette manière de voyager nous paraissait plus douce et en même temps plus expéditive, le Gange coulant alors à plein lit. Mais nous fûmes déjoués dans nos calculs ; l'acquéreur de nos animaux n'ayant présenté aucune garantie, nous nous décidâmes à descendre jusqu'à Câupour, poste principal des troupes britanniques de ce côté. Dans la saison pluvieuse, le Gange a plus d'un tiers de lieue de largeur à Câupour : mais, dans la saison sèche, les eaux sont fort basses et entrecoupées de bancs de sable qui en rendent la navigation impossible. Durant cette époque, l'aspect de Câupour est triste, aride, désagréable, le soleil étant obscurci par des nuages de poussière, et l'atmosphère tellement échauffée, qu'elle en devient suffocante. L'histoire de cette contrée offre des exemples de batailles gagnées ou perdues selon que la position, suivant la direction des vents, donne un avantage décidé.

Câupour a une belle apparence du côté du Gange, où, au milieu des arbres, des temples hindous s'offrent à la curiosité des voyageurs. Deux de ces temples sont bâtis suivant le modèle adopté par les successeurs de Brahma, avec des dômes en forme de mître. Les cantonnements des troupes anglaises s'étendent irrégulièrement sur une longue ligne, composée de maisons, de jardins et de bosquets ; quelques-uns sont sur les bords du fleuve.

On peut dire que, du côté de la plaine, ces maisons ont été conquises dans le désert. Les maisons sont ce qu'on appelle des bengalôs, faites en bois, en bambous et en nattes, et couvertes en chaume. Elles sont propres, très commodes, et parfaitement adaptées au climat. Les voyageurs purent alors vendre avec sécurité leurs animaux et tout ce qui n'était pas nécessaire à un voyage par eau.

La saison des pluies avait commencé, et le Gange, prodigieusement enflé, couvrait de ses eaux un espace de plus de huit à dix mille, ce qui offrait à l'œil un spectacle superbe et même agréable quoique rien n'en décorât le fond. Plus loin, le mélange des tamariniers, des manguiers et des djungles rendent les rives du fleuve extrêmement pittoresques. Ces djungles sont des terrains couverts de grands arbres, de broussailles touffues et impénétrables, de plantes rampantes et grimpantes et d'herbes grossières de toutes les sortes.

Nous avions fait l'acquisition, dit M. Wilson, de

deux grandes barques presque plates, dont la marche est extrêmement rapide, en suivant le courant du fleuve. Il nous fallut plusieurs jours pour les approprier à notre service et les rendre aussi solides que commodes. Au milieu, en laissant un espace le long de la bordure, nous avions élevé de petits pavillons qui offraient toutes les commodités désirables en voyage; les hommes que nous avions loués pour la manœuvre nous offraient d'autant plus de sécurité qu'ils avaient chacun une petite pacotille de marchandises du pays dont ils espéraient se défaire avantageusement sur la côte, et rapporter à leur retour des articles d'Europe, d'un débit facile et avantageux aux environs de Câupour. Ils devaient aussi se procurer leur nourriture pour le voyage. Ainsi nous espérions un heureux retour à Calcutta.

Rien d'extraordinaire ne nous arriva jusqu'à Dacca, où nous fûmes obligés de nous arrêter quelques jours pour faire réparer une de nos barques; je profitai de ce loisir pour visiter la contrée.

De loin, Dacca offre un aspect grandiose; la ville présente une grande étendue, et ses ruines ont quelque chose d'imposant et de majestueux. Mais les ruines composent la majeure partie de cette ville. Indépendamment de quelques énormes châteaux et de donjons sombres, dont on devinait aisément la destination, et que des lierres et des pipals couvraient; indépendamment des vieilles mosquées, et des pagodes évidemment de la même époque, nous apercevions de grands et de beaux édifices qui, vus à une certaine distance, paraissaient plus hospitaliers et vers lesquels je pensai que nous devions nous diriger, ne sachant quelle difficulté nous éprouverions à y parvenir en refoulant le courant, si une fois nous le dépassions. Mais quand nous fûmes assez près pour les distinguer, nous reconnûmes qu'ils étaient en aussi mauvais état que les autres; plusieurs offraient de l'architecture grecque; un obélisque hindou ressemblait tant à un clocher, que de loin je m'y étais mépris.

Pendant que nous avancions vers le rivage, un bruit étrange, qui paraissait sortir de l'eau sur laquelle nous naviguions, vint frapper mon oreille. Il était prolongé, profond, très fort et tremblant, tenant à peu près le milieu entre le mugissement du taurau et le souffle de la baleine. Ah! me dit un Musulman de ma suite, ce sont des éléphants qui se baignent; leur nombre est très grand à Dacca. Aussitôt je regardai et je vis à peu près une vingtaine de ces beaux animaux dont les têtes et les trompes s'élevaient au-dessus du niveau du fleuve.

Dacca, me dit un des Anglais qui y résident, n'est plus qu'un débris de son ancienne grandeur. Son commerce est réduit à la soixantième partie de ce qu'il fut jadis. Tous les édifices magnifiques, le château de Djehan-Djhir, son fondateur, la superbe mosquée que cet empereur fit bâtir, les palais des anciens Nababs, les comptoirs et les églises des Hollandais, des Français et des Portugais sont en ruines et recouverts de djungles. J'ai vu une chasse au tigre dans l'ancien palais, et le cheval d'un de mes amis tomba dans un puits couvert de ronces et d'hérbes.

Presque tout le coton recueilli dans le territoire de Dacca est expédié pour l'Angleterre. Il en revient tissu en toile, que les habitants de cette ville préfèrent à cause de leur bon marché. Il y a encore à Dacca quelques Arméniens ; ils y ont une église et deux prêtres ; il y a parmi eux des hommes opulents. Un de leurs archevêques vient tous les ans de Nakitcheran ici. Les Portugais y sont en petit nombre, pauvres et peu considérés. Les Grecs, au contraire, sont nombreux, actifs, intelligents, fréquentent les Anglais et occupent beaucoup d'emplois subalternes du gouvernement. Il n'y a d'Anglais que des cultivateurs d'indigo vivant dans les environs, et les officiers civils et militaires. Les Hindous et les Musulmans composent une population de trois cent mille âmes.

Le climat de Dacca est regardé comme un des plus doux de l'Inde, la chaleur y étant constamment tempérée par les immenses rivières qui coulent dans ses environs et qui emportent les matières putrides avec une rapidité que l'on ne connaît pas sur les bras du Hougly ; l'air n'y est pas insalubre. Du reste, dans la saison des pluies, il n'est pas possible d'aller à cheval à une grande distance, ni même durant la saison sèche, à cause de la grande quantité de rivières et de ruisseaux qui coupent le terrain à chaque instant. Voilà pourquoi l'usage des bateaux y est si commun.

Les petits navires du pays sont les seuls qui puissent remonter le Gange jusqu'à Dacca. Dans les temps de pluie, des bâtiments de taille moyenne pourraient en tenter l'aventure, mais ils courraient quelques risques sans compensation.

La Compagnie anglaise entretient à Dacca un haras de trois cents éléphants, que l'on retire annuellement des forêts du Typérah et du Catchar. On les dresse ici aux habitudes qu'ils doivent acquérir dans l'état de domesticité. Ceux que l'on destine aux provinces du nord sont envoyés successivement à Mourchedabad, puis à d'autres villes plus septentrionales, parce que la différence du climat entre elles et Dacca est trop grande pour qu'on puisse les y apporter subitement sans danger.

Un Nabab réside à Dacca : les Anglais l'entourent de tout ce qui peut flatter sa vanité, sans lui laisser aucune parcelle de pouvoir.

Nous nous trouvions alors, ajoute M. Wilson, à vingt-six lieues de l'embouchure du Gange, dans le golfe du Bengale. Dans sa partie inférieure, par la jonction du Brahmapoutra, le Gange augmente d'une manière considérable et peut recevoir des vaisseaux d'un fort tonnage. L'espace compris entre la plus large de ses bouches et l'embouchure du Hougly est appelé les Sonderbonds ; cet espace est coupé d'une infinité de ruisseaux et de bras de ce fleuve, de manière à former une multitude d'îles chargées d'arbres et de buissons. Ces îles sont basses, humides et sans ordre, les cours d'eau qui les entourent s'entrecoupant et se dirigeant en tous sens.

Mais, comme le sol des Sonderbonds et un sol d'atterrissement, et que la marée se fait sentir jusqu'au-delà, on n'y trouve point d'eau douce, ce qui empêche de livrer à la culture une terre que sa composition rendrait on ne peut plus fertile.

Cette solitude affreuse est devenue le repaire des tigres et d'autres animaux féroces, de quelques bêtes fauves, des singes et de monstrueux crocodiles. Comme nous longions la côte dans nos barques longues et d'un bordage peu élevé, nous fûmes exposés plusieurs fois aux visites des tigres et des crocodiles. La plus petite de nos barques s'était un soir avancée vers la rive pour y couper le bois dont la provision était épuisée ; elle n'était plus qu'à une trentaine de pas du rivage, sur un fond marécageux, où les longs bambous dont on se servait pour la pousser au bord s'enfonçaient profondément dans la vase, quand un énorme tigre vint tomber, d'un bond, à moins d'un pied de la barque. Elle se trouvait alors sous des arbres peu élevés, mais dont les forts rameaux s'étendaient sur le fleuve. Sa chute couvrit nos gens d'eau ; comme elle était peu profonde, ses pattes s'enfoncèrent dans la boue, et la rapidité de ses mouvements en fut tellement ralentie, que nos gens purent s'éloigner. Un d'eux brisa son bambou sur la tête de ce monstre sans la lui faire courber. Avertis par les cris des nôtres et par les rauquements du tigre, nous nous approchâmes en hâte et tirâmes plusieurs coups de fusil sans le blesser, mais qui le firent retourner à terre.

Une autre fois deux crocodiles parurent s'acharner à notre petite barque, qu'ils faisaient bondir sur l'eau ; nos coups de fusil ne les intimidaient point, et nos balles s'aplatissaient sur leur dos ; nous en vîmes plusieurs rejaillir au loin et retomber dans l'eau. Ce manége durait depuis longtemps, et d'autres crocodiles sortaient des anses et des embouchures des courants d'eau qui serpentaient dans les Sonderbonds, formant autour de nous un cortége armé de dents menaçantes. Ils avaient l'air quelquefois de jouer et de folâtrer entre eux, mais ils ne perdaient pas nos barques de vue. L'eau du rivage, que n'agitait auparavant qu'un remous presque imperceptible, était alors aussi en agitation que durant une forte houle. Un de nos compagnons de navigation prépara quelques torches qu'il enduisit d'huile, les attacha sur de petites planches et les lança autour de nos barques; cela eut plus d'effet que nos impuissants coups de fusil. Ces monstres parurent d'abord étonnés, puis regagnèrent les ouvertures du rivage. Si mon estimation ne m'a point trompé, plusieurs de ces affreux animaux mesuraient plus de vingt pieds de longueur. Ils nagent avec une rapidité surprenante; mais je crus remarquer que leur déviation de la ligne droite exige d'eux un puissant effort qui ralentit leurs mouvements.

Quoique beaucoup de personnes soient, tous les ans, dévorées par les tigres sur les rives des Sonderbonds, il y a cependant des dévots musulmans qui prétendent posséder des charmes contre la cruauté des animaux féroces, et qui vont s'établir dans de misérables huttes, sur les rives des Sonderbonds; ils sont extrêmement honorés par leurs coréligionnaires, ainsi que par les Hindous qui s'aventurent dans ces cantons et qui, pour gagner leur bienveillance, leur font présent de vivres et de cauris.

Tôt ou tard ces fanatiques deviennent la proie des bêtes féroces; mais, plus longtemps ils restent, plus ils sont vénérés, et leur place est aussitôt prise qu'elle est vide, tant le fanatisme trouve d'empressement à se mettre en évidence.

De l'est à l'ouest, l'étendue des Sonderbonds est de soixante lieues; huit bouches apportent à la mer les eaux de ce delta; la plus fréquentée est celle du Hougly. Le second jour, depuis que nous côtoyions ces terres, nous aperçûmes, le matin, l'île de Sâgor, qui est absolument plate et marécageuse, couverte de grands arbres semblables à de sombres sapins, et des djungles au feuillage d'un vert brillant et de la hauteur de nos bois taillis. A l'aide d'une lunette, je pus distinguer un animal de la forme d'un daim qui était couché ou qui broutait au milieu des herbes du marécage, ensuite des cabanes en ruines et des bâtiments pareils à de grands hangars.

Ce sont les restes d'un village qui s'était formé par une association pour couper des bois et dessécher le sol marécageux de Sâgor ; mais elle remarqua que tandis qu'on abattait les djungles d'un côté, la mer gagnait de l'autre, ce sol sablonneux n'étant pas assez compacte pour résister à son invasion ; cette terre fut encore abandonnée à ses daims et à ses tigres. car elle a toujours été mal famée.

Nous trouvâmes plusieurs cadavres flottant à la surface de l'eau, indices des mœurs du pays où, mourir dans les eaux sacrées, est une présomption de salut éternel. Nous pûmes remarquer que deux de ces cadavres étaient soutenus par des pots de terre. Ils deviennent la proie des crocodiles et des bêtes féroces qui les trouvent arrêtés, sur les bords des eaux. Nous fûmes accostés par des canots chargés de fruits et de poissons, et conduits par les Hindous. Tous ces hommes étaient minces, extrêmement noirs, mais bien faits, de bonne mine, avec de beaux traits ; ils nous vendirent des chadeks, des bananes et des cocos. Plusieurs bateaux vinrent successivement, quelques-uns plus considérables que les premiers, avec deux mâts, comme des goëlettes ; les matelots plus grands et plus beaux que ceux que nous avions vus d'abord.

Le capitaine, coiffé d'un turban blanc roulé autour d'un bonnet rouge, avait une chemise blanche, courte et sans manches, et un anneau d'argent un peu au-dessus du coude; ses gens étaient absolument nus, excepté un linge autour des reins. Leur peau avait une couleur brune très foncée, comme celle des bronzes antiques; ce qui, joint aux formes élégantes et aux membres bien proportionnés de plusieurs d'entre eux, rapelait parfaitement les statues grecques de ce métal. Quant à la taille et à la force apparente, ces gens me parurent inférieurs aux matelots européens.

En approchant de Kedgeri, village vis-à-vis duquel le Hougly a une largeur d'à peu près trois lieues, on n'apercevait plus, de toutes parts, qu'une ligne triste et continue de broussailles touffues et sombres; elles paraissaient impénétrables et interminables, et l'on pouvait bien se persuader qu'elles étaient habitées par tout ce qu'il y a de monstrueux, de dangereux et de dégoûtant, depuis le tigre jusqu'au cobra capello, aux scorpions, aux moustiques; depuis l'orage et le tonnerre jusqu'à la fièvre; on ne parlait qu'avec horreur de ce rivage, tombeau de tous ceux qui avaient le malheur de rester plusieurs jours dans son voisinage.

Enfin nous quittâmes ces tristes rivages, mais j'en emportai un douloureux souvenir; je fus atteint d'une fièvre qui ne m'effraya pas d'abord, parce que nous avions sous les yeux un spectacle plus rassurant. Les broussailles prenaient un aspect plus varié dans leur verdure; elles étaient entremêlées de petits palmiers et d'autres arbres à cîme arrondie, et le souffle qui venait du rivage nous apportait les fraîches et odorantes émanations de la végétation, le courant était très fort, sa lutte contre la marée soulevait des vagues d'une couleur sombre. La présence des cocotiers annonçait une terre plus habitable ; les djungles s'éloignaient des bords du fleuve ; ils étaient remplacés par des champs d'une belle verdure, comme celle de nos prairies ; on me dit que c'était du riz. De petits bocages et des villages composés de cabanes en terre, couvertes en chaume, et si basses qu'on les aurait prises pour des tas de foin, y étaient éparpillés. Malgré ce changement d'air et les brises salubres que nous apportait la marée, les accès de fièvre prirent un caractère alarmant. Nous passâmes à bord d'un bâtiment de la Compagnie, et lorsqu'après la traversée durant laquelle la maladie s'était peu ralentie, j'arrivai à Calcutta, ma situation s'empira et ne me laissa plus d'espérance que dans le retour en Europe ou dans d'autres contrées plus salubres.

Ici se termine le récit du voyage de M. Wilson. Nous le complèterons en disant qu'il partit pour l'Europe peu de temps après ; les soins empressés, l'air natal le rappelèrent entièrement à la santé. John et William ne le quittèrent plus, et ils eurent le bonheur de le voir atteindre les limites d'une paisible et honorable vieillesse.

FIN DU VOYAGEUR DANS L'INDE.

AVIS DES ÉDITEURS.

Comme conclusion du *Voyageur dans l'Inde*, nous croyons rendre service à nos lecteurs en terminant notre volume par un tableau général de l'Asie.

Nous passerons en revue l'aspect, les montagnes, les déserts, les lacs, l'ethnographie, les religions, les ruines, les curiosités, etc., de cette merveilleuse partie du monde.

Ces intéressants récits pourront instruire et amuser nos lecteurs. C'est le but que nous nous sommes proposé.

ASPECT GÉNÉRAL DE L'ASIE.

L'Asie est une des cinq grandes parties du monde, et la portion la plus considérable de l'ancien continent.

Cette immense contrée doit nous intéresser d'autant plus qu'elle fut le berceau de l'homme, le théâtre de ses premières actions, le point de départ des peuples, le lieu où se fondèrent les plus grands empires, et le centre de toute civilisation.

Les principaux faits de l'histoire et de la nature se développèrent en Asie, et de là gagnèrent les confins du monde.

Toute l'histoire ancienne n'est, en effet, que celle des races et des différents peuples de l'Asie. Le langage, les sciences, les arts, le commerce, en un mot tous les moyens d'accélérer la civilisation, ont pris naissance dans cette partie du monde, qui passe pour la plus belle, la plus riche et la plus intéressante de toutes.

Elle touche aux autres parties de l'ancien monde par deux points principaux ;

A l'Europe, par le Volga et la chaîne des monts Ourals ;

A l'Afrique, par l'isthme de Péluse, maintenant de Suez.

Le golfe Persique et la mer Rouge forment ses limites au sud-ouest. Au sud, elle est bornée par la mer des Indes, le golfe de Siam et les îles asiatiques, qui la séparent de l'Australie. Au nord, elle a pour barrière le détroit de Behring, large de vingt lieues, qui la sépare de l'Amérique. Enfin, à l'est, elle a pour point d'arrêt l'océan Pacifique, la mer du Japon et le détroit de Corée.

Cet immense continent, dont la superficie est évaluée à 1,200,000 lieues carrées, et qui est par là même quatre fois plus grand que l'Europe, s'étend en longitude du 23e au 187e degré oriental, et en latitude du 10e méridional au 78e septentrional.

CONTRÉES.

L'Asie septentrionale comprend la Sibérie, avec les anciens royaumes de Kasan et d'Astrakhan, et les îles de la mer Glaciale arctique.

L'Asie centrale se compose des pays du Caucase, de la Mantchourie et de la Mongolie chinoise, des royaumes du Thibet et de Cachemire.

L'Asie méridionale renferme les deux presqu'îles en-deçà et au-delà du Gange, à savoir l'Hindoustan et l'Indo-Chine, les îles de la Sonde, les Moluques et les Philippines.

L'Asie orientale a pour domaines la Chine, le Japon, la Corée et les îles voisines des côtes, îles Formose, îles Haïnam, etc. Le Gange et son embouchure, dans le golfe du Bengale, forment la limite naturelle de cette circonscription.

Enfin, l'Asie occidentale compte les pays situés sur la mer Noire et sur la Méditerranée; et en outre, le Turkestan, la Syrie, la Perse et l'Arabie.

On peut appeler Haute-Asie les contrées qui, dans l'Asie centrale, occupent l'espace compris entre le 30e et le 50e degré, c'est-à-dire celles qui s'étendent le long du Caucase, du Taurus, de l'Altaï et de l'Imaüs, et depuis les côtes de la Chine et du Japon, jusqu'au détroit des Tongouses, car elles forment une suite de plateaux élevés.

Le terrain, dans sa plus grande élévation vers l'orient, est escarpé, aride, nu, et sur les côtes de la mer de Chine coupé à pic d'une manière effrayante.

En se dirigeant vers l'occident, le sol s'abaisse graduellement en terrasses et finit par s'aplanir entièrement vers le nord-ouest, où il se termine en d'incommensurables steppes.

MONTAGNES.

C'est dans l'Asie que s'élèvent les plus belles et les plus hautes montagnes du globe.

On remarque parmi elles, au nord, le mont Altaï, dont le point central est appelé Bogdo-Oola, hauteur majestueuse qui se divise en une multitude de ramifications.

Une des principales est les monts Célestes ou Bolor, à l'ouest. Ces montagnes projettent elles-mêmes des rameaux jusque dans l'Asie-Mineure, et ces rameaux sont :

Le Taurus et l'Ararat ; le Liban et l'Anti-Liban ; le Sinaï et l'Oreb, qui occupent le sud-ouest de la petite Asie ; et enfin le Caucase, placé entre la mer Noire et la mer Caspienne.

De la mer Caspienne à l'océan Glacial arctique, remonte aussi la chaîne des monts Ourals, qui conservent presque constamment la même hauteur. Seulement, vers leur milieu, les Ourals prennent le nom de Crête de Werkhotourii.

Au nord-est, s'élève le Grand-Altaï, qui touche au mont Royal-Kangaï en Chine, montagne sacrée des Mantchous, chantée par un empereur chinois du nom de Kien-Lou, et se prolonge jusqu'en Corée et dans le Japon.

Au sud-est, on distingue encore les monts Kouen-Lun.

Enfin, dans l'Inde, au sud-est du plateau central de l'Asie, se montrent sous une forme majestueuse indescriptible, les plus hautes montagnes de la terre. C'est l'imposant et formidable Himalaya, en langue sanskrite: montagne de Neige, et le Mostag, l'antique Imaüs, d'où se détachent, pour courir vers le nord-est, les montagnes de la Tartarie, Hinkan, Tablonoï ou Stavonoï.

Dans le sud de l'Inde ou Hindoustan, on signale encore deux dernières chaînes, les Ghattes orientales, à l'est de la péninsule, et les Ghattes occidentales, à l'ouest.

Il n'est rien au monde qui égale la magnificence du colossal Himalaya.

Une de ses principales ramifications est le Dsawala-Giri, roi des montagnes, haut, d'après Webb, de 26,872 pieds, et selon Blacke, de 28,015. Ce Dsawala-Giri et les vallons qui l'entourent sont ombragés de cèdres et de sapins. C'est le lieu où, depuis des millions d'années, les Indous vont en pèlerinage adorer leurs dieux.

Ce sanctuaire de la nature est, en effet, d'une physionomie gandiose inimaginable.

C'est dans cette partie de l'Asie que les plus beaux fleuves du monde prennent leur source. Sortis des flancs des hautes montagnes qui composent l'Himalaya, ils se fraient un lit sur d'innombrables bancs de rochers, à travers les gouffres et les ravins, portent la richesse et l'abondance dans les immenses plaines qu'ils arrosent, et vont de là se jeter dans la mer, en suivant toutes sortes de directions.

Or, le Gange, le plus sacré des fleuves de l'Inde, descend des sommets inaccessibles du Dsawala-Giri, et se perd dans les entonnoirs de ses crêtes aiguës ; puis il reparaît à l'endroit où les Indous ont trouvé un sanctuaire merveilleux formé par la nature, après s'être dérobé jusque-là sous des montagnes de neige et des masses de rochers, ce qui donne à ce lieu un aspect de terreur religieuse, et environne d'une crainte mystérieuse les approches du trône de leur Mohaden, placé, ainsi que les autres autels des Indous, au pied du Dsawala-Giri.

Parmi les montagnes qui sont les ramifications de la chaîne principale et qui forment une succession de plateaux, de vallées, de steppes, etc., se terminant à la mer, en forme de langue de terre, on distingue le Caucase, dont la nature et la composition sont particulières à l'Asie occidentale, et dont les versants se prolongent dans les contrées situées entre la Méditerranée, la mer Noire et la mer Caspienne. Les sommets les plus élevés du Caucase ne dépassent pas 10,000 pieds d'altitude.

En promenant le regard sur ces différentes montagnes de l'Asie, on reconnaît qu'elles ne sont pas, comme en Europe, disposées de manière à former un bassin à leur centre, mais qu'au contraire elles forment un plateau extrêmement élevé, d'où se détachent une multitudede branches, qui tantôt vont en s'abaissant graduellement, tantôt font, avec les plaines ou les mers, des saillies escarpées.

PLAINES ET DÉSERTS.

Les plaines de l'Asie sont proportionnées à son étendue considérable et à l'importance de ses montagnes. Nous citerons :

Les steppes des Kirguis, mêlées de dunes de sel fossile, qui s'étendent de l'Oural au Volga, et de la mer Caspienne jusqu'au Samara, dont plusieurs parties sont très fertiles ;

Les plaines de l'Irkisch ;

Les vallées du mont Oural, connues sous le nom de steppes d'Isettis ;

Les plaines arctiques, qui s'étendent depuis les bords de la mer Glaciale jusque dans l'intérieur des terres ;

Et enfin la plus considérable de toutes, qui s'étend depuis l'Urgan-Daga jusqu'au Thibet, l'espace d'environ 800 lieues, de l'ouest à l'est. Les Mongols la nomment Kobi, c'est-à-dire désert, et les Chinois Schamo, mer de sable. Elle est en beaucoup d'endroits élevée de 400 pieds au-dessus du niveau de la mer. Sa partie orientale, au sud du fleuve Tula, entre Kiatcha et Pékin, à laquelle les Russes donnent le nom de Gabeiskaïa-Steppe, est très élevée et entièrement couverte de cailloux. On y trouve quelques lacs d'eau salée et l'on y rencontre, çà et là, pour toute végétation, de rares buissons desséchés et quelques arbres rabougris Sa partie occidentale, entre Kaschghar et Tangut, offre des masses considérables de sable qui coulent comme un fleuve, lorsque le vent souffle. Il y a là des distances considérables où le voyageur ne trouve d'autres indices de vie que des ossements d'hommes ou d'animaux, et des matières fécales de chameau. Ce désert a plus de 100 lieues de large. Le voyageur qui se rend de Selenginsk à Pékin est obligé de longer sa lisière dangereuse l'espace de 225 milles géographiques, ou de le traverser à l'endroit où il n'a que 32 milles de large.

Les déserts de l'Arabie et de la Syrie, qui forment l'Arabie déserte, sont assez semblables au désert de Kobi, mais moins dangereux que ceux d'Irac et de Deschesire, en Mésopotamie.

Il est encore d'autres déserts plus considérables. Ce sont le grand désert salé appelé Naubendan, dans la partie orientale de la grande Médie, les déserts de Karak et de Gasnok, dans le Mawaramah, et enfin le grand désert de sables nommé Bursouk, en-deçà de l'Iaxartes, dans la partie orientale du Turkestan, et celui qui est situé dans la partie orientale du Sind.

MERS.

L'Asie, parmi ses mers intérieures, renferme la plus considérable du globe, la mer Caspienne.

Elle a environ 300 lieues du nord au sud, en longueur, et 100 à 160 lieues en largeur. Ses eaux sont salées comme celles de l'Océan, avec lequel elle n'a pourtant pas de communication visible. Plusieurs savants, entre autres le major Rennell, pensent que le lac d'Aral, situé à quelque distance vers l'orient, communique avec elle. Le célèbre voyageur Pallas a conjecturé que les steppes qui séparent la mer Caspienne de la mer d'Azoff furent autrefois couvertes d'eau et ne formaient qu'un vaste océan.

La mer Caspienne est appelée de nos jours, par les Turcs, Cozgoun-Denghisi, mer des Corbeaux ou cormorans, à cause du grand nombre de ces oiseaux que l'on rencontre sur ses rives. Elle est du reste fort peu fréquentée et n'offre qu'un petit nombre de ports commodes.

Cette mer a pris son nom des Caspiens, ancien petit peuple de la Midre, au sud-ouest de son rivage. Les anciens l'appelaient aussi mer Hyrcanienne ou des Hyrcaniens, qui habitaient à l'est et au sud.

Jusqu'au siècle d'Hérodote, les Grecs ont ignoré les dimensions du Pont-Euxin, et à plus forte raison de la mer Caspienne. A défaut de documents positifs, on avait prodigué les suppositions et les conjectures, et, comme depuis Homère on se figurait que la terre habitée était une sorte de disque environné du fleuve Océan, les anciens géographes, manquant de notions sur ces contrées reculées, pensaient et affirmaient que les eaux de l'Océan extérieur se jetaient dans la mer Caspienne, comme dans un golfe. Hérodote, cet historien vrai parce qu'il est exempt de système, dit bien positivement que cette mer n'a pas d'issue, que sa longueur est de quinze journées de navigation et sa largeur de huit. Chose surprenante! l'erreur et l'ignorance prévalurent encore après Hérodote, et l'on vit Strabon, Pomponius-Mela, Pline, Denys le périgète, géographes classiques, affirmer encore que la mer Caspienne communique avec l'océan septentrional.

Les contrées qui avoisinent cette mer furent toujours tellement en-dehors du mouvement du commerce et de la civilisation, les peuples qui la bordent furent tellement ignorants et ignorés, que c'est à une carte de la mer Caspienne, dressée par l'ordre du czar Pierre Ier, que l'on doit la connaissance positive de sa forme et de sa dimension.

L'Asie renferme, en outre de la mer Caspienne, un nombre considérable de grands lacs, parmi lesquels il faut placer :

Le lac d'Aral, appelé aussi la mer d'Aral, ou mer des Aigles, car, après la mer Caspienne, il est le plus grand de cette partie du monde. Il est situé dans les steppes des Turcomans, des Kirguis, etc. Il est long de 50 lieues, et large de 24. Sa superficie est de 1124 milles, et son eau est salée, comme celle de tous les lacs qui n'ont pas d'écoulement. Le lac Aral reçoit l'Amu, l'Oxus des anciens, ainsi que l'Iaxartes, actuellement le Sir. Les Tatars le nomment Aral-Denguils, à cause de la quantité d'îles situées dans sa partie méridionale. Il nourrit une grande quantité de poissons, surtout des esturgeons et des veaux marins. Ses rives sont sablonneuses et n'ont pas de ports. Ses eaux, n'ayant pas d'issue, ne diminuent que par l'évaporation. Le niveau du lac est très bas ; tout à l'entour se trouvent un grand nombre de petits lacs et de sources. La distance qui le sépare de la mer Caspienne est de 20 milles environ.

Vient ensuite le lac Asphaltite ou mer Morte, en Palestine.

La seconde catastrophe physique dont la Bible fasse mention, et qu'elle nous montre encore comme le résultat d'une punition de Dieu contre la perversité de l'homme, c'est l'engloutissement de Sodome, Amora, Adama et Séboïm, villes perverses qui ne renfermaient pas même dix justes. Elles s'élevaient somptueuses et riches dans la magnifique vallée de Sédime, où les eaux du Jourdain répandaient, sous un ciel brillant, tous les dons d'une nature prodigue. Mais c'était la mort sous les fleuves, suivant l'expression d'un écrivain spirituel, car ce sol si brillamment paré ne devait sa fertilité qu'au feu qui le minait. Sous cette terre si belle, le soufre, le bitume, toutes les matières volcaniques bouillonnaient en attendant le moment de plonger dans un éternel oubli les créatures impies qui osaient méconnaître la puissance de leur créateur. Alors, un jour, lorsque la miséricorde infinie de Dieu se fut lassée, lorsque le cri vengeur fut devenu trop grand, elles furent jugées, et la sentence fut exécutée d'une manière terrible. Ecoutez la Bible : « L'Eternel fit pleuvoir sur Sodome et Amora du soufre et du feu qui venaient du ciel : il bouleversa ces villes et tout le circuit, tous les habitants de ces villes, ainsi que la végétation de la terre. Le feu du ciel alluma donc les feux de la terre, toutes les substances ignifères qui couraient dans son sein, et elles roulèrent en torrents enflammés, à la suite d'un épouvantable craquement. Ensuite, les eaux du Jourdain qui coulaient jusqu'à ce moment vers le golfe d'Arabie où elles s'épanchaient, s'arrêtèrent pour engloutir ce théâtre d'iniquités : elles s'engouffrèrent dans le vide immense qui venait de s'ouvrir au milieu du plateau de Kenaan. A la place de la fertile vallée, on ne vit plus qu'une nappe sans fin, lourde comme du métal liquide, au travers de laquelle on distinguait quelquefois, d'après l'historien Josèphe, l'ombre des cités impies. »

Ce lac reçut le nom pompeux de mer de l'Orient, mer de la Plaine, mer de Sel. Les géographes grecs et romains en parlent sous celui de lac Asphaltite, ou lac de bitume; c'est celui qui lui est resté.

Le voyageur qui s'égare sur ses rivages désolés ne voit autour de lui que tristesse et désolation, et la parole de la Bible s'y produit avec une énergique et effrayante vérité. Les montagnes qui l'enveloppent de toutes parts sont arides et pelées : le sel transsude le sol; on n'y voit que de maigres arbustes qui semblent lutter contre la rebelle nature; de misérables arbres qui languissent en attendant en vain quelque peu d'humidité, mais auxquels le vent du désert n'envoie que la poussière sèche et brûlante de la plaine. En même temps, les eaux du lac qui, avant de s'arrêter immobiles, sont douces et bonnes comme celles des fontaines, deviennent mauvaises du moment qu'elles cessent d'être au Jourdain pour devenir le lac. Elles sont plus salées que toutes les eaux connues, et cependant elles sont limpides comme le cristal et bleues comme la mer lointaine. Aussi ne peut-on pas être étonné que cette mer soit appelée Morte, car tout est bien mort autour d'elle.

Lorsqu'on vient à étudier et à connaître cette nature si étrange, cette vie si excentrique, on s'explique facilement pourquoi les phénomènes ont pris dans la bouche des peuples des formes merveilleuses, comment on a pu ajouter quelques circonstances fabuleuses à celles déjà si extraordinaires que l'observation y fait connaître. Ainsi, on a dit pendant longtemps que d'épaisses colonnes de fumée s'élevaient des eaux du lac, témoignant ainsi de l'embrasement continu des villes punies, que les vapeurs qui en sortaient donnaient la mort aux oiseaux qui la traversaient ; que les eaux elles-mêmes avaient un résultat fatal pour celui qui osait s'y plonger, ou qu'elles refusaient de recevoir le corps des victimes que l'on précipitait dans ses abîmes.

Il n'est rien de tout cela. Ainsi, par exemple, récemment Pocoke, les frères Robinson, et la plupart des voyageurs anglais qui ont visité ces bords inhospitaliers, s'y sont baignés, et le seul effet qu'ils en aient éprouvé est celui qui résulte de la grande pesanteur spécifique de l'eau, qui les empêchait de s'y enfoncer, et permet par cela même à ceux qui ne savent pas nager d'y flotter et d'y prendre toutes les positions sans danger.

Vespasien, voulant jouir de ce spectacle singulier, y fit jeter plusieurs criminels qui ne savaient pas nager, et auxquels on avait attaché les mains : mais peu à peu ils s'enfoncèrent et disparurent dans la profondeur des eaux. Van-Egmont raconte qu'ayant voulu s'y tenir perpendiculairement, il fut obligé d'employer tout ce qu'il avait de forces, et qu'il put alors s'y promener comme sur un terrain solide, sans être obligé de faire les mouvements auxquels on est tenu dans l'eau douce.

Quant à l'influence des vapeurs sur les oiseaux, elle est tout aussi peu maligne que celle des eaux sur la constitution humaine. MM. Irby et Mangle virent passer au-dessus de la mer Morte deux oies d'Egypte et une troupe de pigeons. Le R. P. Laorty-Hadji aperçut un nombre d'hirondelles qui jouaient à la surface des eaux. Marondrelle vit également d'autres volatiles voler au-dessus du lac sans que leur rapidité fût amoindrie le moins du monde par aucune souffrance.

Pour la fumée, elle existe en effet : mais ce n'est autre chose que la vapeur épaisse résultant de l'évaporation prodigieuse sollicitée par la chaleur brûlante du soleil de ces régions, et qui est telle qu'on la porte à près de 9,000,000 de tonnes d'eau par jour. Plus de 6 de ces millions lui sont fournis par le Jourdain, et le reste par le lac lui-même, et par les torrents qu'il reçoit à droite et à gauche.

Le savant docteur Marcet a reconnu qu'une quantité quelconque des eaux du lac contenait plus d'un quart de sel. Cette matière y est tellement abondante que tout, sur ces rivages, en est pour ainsi dire incrusté, qu'elle forme des rochers entiers, et que l'assertion de Strabon ne doit pas paraître dénuée de vérité, lorsqu'il avance qu'on voyait de son temps, sur les bords du lac, des villes dont les maisons étaient bâties en sel.

Le bitume, cause première de la formation de la mer Morte, s'y présente avec la même abondance, et on en voit surgir à la surface des eaux des masses tellement considérables qu'elles ressemblent à des îles. Pline avait déja fait cette observation.

La mer Morte a 22 lieues de longueur sur 10 de largeur. Il résulte de la comparaison ou des opinions tout-à-fait contradictoires émises à ce sujet, qu'elle peut avoir 140,000 hectares de superficie. Elle est encaissée entre deux montagnes qui ne se rejoignent pas aux deux extrémités. Les rampes de ces montagnes sont rocheuses ou boisées, et ne manquent pas de pittoresque. En errant à l'aventure autour d'elles, on court souvent le risque d'être arrêté et rançonné par les Arabes, ou celui de se trouver face à face avec des bêtes fauves peu agréables. Jusque dans ces derniers temps, peu de personnes avaient essayé de parcourir les bords de cette mer célèbre entre toutes. Pour un pareil voyage, il fallait une érudition et un courage rarement réunis. Mais enfin ces deux qualités se sont trouvées chez un savant Français, M. de Saulcy, et un religieux, le R. P. Laorty-Hadji. Le premier a exploré le lac Asphaltite du mois de décembre 1850 à la fin de janvier 1851. Il a reconnu et parfaitement vu, sous les eaux, les ruines de Sodome, Armora, Ségor, Séboïm, etc. Il a fait le tour des eaux, à l'exception des dernières lieues, à cause des rochers qui l'ont arrêté. Le second voulait même naviguer sur la mer Morte, muni qu'il était d'un bateau construit tout exprès ; mais son projet n'a pu se réaliser.

Tels sont les lieux où la puissance de Dieu est empreinte du même caractère de grandeur que là où elle se déploie dans toute sa richesse splendide.

LACS ET FLEUVES.

Dans la même Palestine, on voit aussi le lac de Génésareth ou mer de Tibériade.

Puis un lac d'eau douce, Erivan, occupe le nord de l'Arménie.

Près de l'antique Babylone, on trouve aussi le lac Bermidchef ;

Et celui du Bachtégau signale le voisinage des ruines de l'opulente et ancienne Persépolis.

Dans l'Asie orientale, on rencontre le lac Balkasch, sur la frontière du Turkestan, et que les Chinois nomment mer Blanche.

Enfin, dans la partie est et sud-est de la même région, se trouvent les lacs Baïkel, Terkivi, Tong-ting-Hou, etc.

L'Asie surpasse les autres parties de l'ancien monde par la richesse de ses eaux. Le côté occidental, et spécialement l'Arabie, est moins abondant en fleuves : mais les contrées du nord et du sud sont remarquables par la quantité de fleuves, de rivières et de ruisseaux sans nombre qui les arrosent.

La mer Noire et la Méditerranée reçoivent en effet : le Kéfil-Irmak, l'ancien Hals, qui descend du Taurus, court à l'ouest, puis au nord, et traverse l'antique Galantie, près de laquelle il séparait la Paphlagonie d'avec le Pont. Ce fut sur ses bords qu'Alyatte et Cyaxare se livrèrent une bataille indécise, en 601 avant J.-C. Elle fut interrompue par une éclipse de soleil, celle qui, la première, fut prédite par Thalès de Milet. La paix se rétablit bientôt entre les Mèdes et les Lydiens, par suite des concessions d'Alyatte.

Le Sékan, autrefois le Saras, qui, sortant du même mont Taurus, dans l'ancienne Cilicie dite des Plaines, au lieu où cette montagne du Taurus forme un fameux défilé, connu sous le nom de Pyles Ciciliennes. Ce fleuve se jette dans la Méditerranée.

Le Méandre, Méander, chez les Grecs. Ce cours d'eau naît dans la Phrygie, coule vers l'est et l'ouest, puis il se perd dans la mer Egée, entre l'antique Hérodée et Priène. Ses sinuosités l'ont rendu célèbre, et font que l'on nomme Méandre un fleuve très contourné dans sa marche. On voyait autrefois sur ses bords les villes d'Apamée, de Colosses, d'Antioche, de Pyrrha, de Milet, maintenant ou à l'état de ruines, ou complètement effacées de la surface du sol.

Le Fasch, autrefois l'Oronte, qui, sortant du Liban, traverse la Syrie, et, après avoir arrosé Antioche, tombe dans la Méditerranée, non loin de Séleucie.

La mer Caspienne reçoit à son tour :

Le Kur et l'Arras, ce dernier ancien Arraxes, dans la Parthiène.

Le golfe Persique reçoit de même deux fleuves illustres entre tous :

Le Tigre d'abord, qui, sortant du versant méridional du Taurus, près de Diarbeek, traverse une partie du pachalick de ce nom, puis tout le pachalick de Bagdad, l'Arménie, la Babylonie et la Chaldée du vieux monde, arrose Mossoul, Bagdad, les ruines des antiques cités de Ninive, Ctésiphon et Séleucie, s'unit avec l'Euphrate par sa rive droite, et forme avec lui le Chat-el-Arab, qui va se perdre dans le golfe Persique, après un cours de 1240 kilomètres.

La contrée comprise entre le Tigre et l'Euphrate portait, chez les anciens, le nom de Mésopotamie, mot qui signifie Entre les deux fleuves.

Puis l'Euphrate, le Phérat des Hébreux et le Frat des Turcs. Ce fleuve renommé sort de terre dans les montagnes de l'Arménie méridionale, près de Diadin, sous le nom de Mourad. Il se grossit bientôt d'un autre bras qui vient du nord-est d'Erzeroum, arrose le pachalick de ce nom, sépare celui de Diarbékir de ceux de Siras et de Maruk, et traverse les pachalicks de Bagdad et de Bassora, baigne les villes de Semisat, Bir, Beles, Rakka, Kerkisich, Anna, Hil, Hilla, Davanich, Samara, etc.; passe au milieu des grandes ruines de Babylone, de Samosate, de Nicéphore, de Cirasium, de Cunaxa, et après avoir reçu le tribut de quelques rivières, reçoit le Tigre, à Corna, où il prend le nom de Chat-el-Arab, pour aller se jeter dans le golfe Persique par cinq embouchures.

De nos jours, ce fleuve commence à être parcouru par des bateaux à vapeur. Il offre ainsi à l'Europe, et notamment à l'Angleterre, des moyens de communication prompts et faciles avec les Grandes Indes.

Un peu à l'ouest, dans la Palestine, s'échappe de l'Anti-Liban, ou de Djebel-el-Cheik, le Jourdain (Jordanes), aujourd'hui Narh-el-Arden, ou El-Charia, en arabe. Ce nom de Jourdain vient de Jor et de Dan, deux petites branches qui concourent à l'origine de ce fleuve. Sa source apparente sort de derrière un souterrain, au fond d'un précipice, dans les côtés duquel on a creusé plusieurs niches où se lisent diverses inscriptions en langue grecque. Pendant quelques heures, son cours offre l'aspect d'un petit ruisseau fort insignifiant. Après avoir traversé les marais et les fondrières du lac Mérou, et parcouru environ quinze milles, il passe sous la ville de Julia, anciennement Bethsaïda. Là, il se déploie en une belle et large nappe d'eau et prend le nom de lac de Tibérias, autrefois Génésareth, et, après un cours sinueux d'environ soixante milles à travers une vallée profonde, appelée El-Ghor, il se jette dans la mer Morte ou lac Asphaltite, avec une énorme impétuosité, et y porte chaque jour six millions de tonnes d'eau, d'après le calcul du docteur Shaw. On ignore par où disparaît cette afférence d'eau colossale; ce doit être en partie par l'évaporation.

Selon la tradition, le lieu où N. S. J.-C. reçut le baptême est sur la rive droite du Jourdain, à un coude du fleuve, et à environ une heure de marche de la mer Morte.

Le Jourdain passe à Jéricho, dont on voit encore les ruines, près d'une fontaine appelée la fontaine d'Elisée, et du pauvre village de Richa, qui remplace la ville détruite par Josué. C'est un peu au-dessus de ces ruines que l'on place l'endroit où les Israélites passèrent le Jourdain, et de savants voyageurs pensent que l'on pourrait y retrouver les douze pierres déposées comme autels, au lieu même de leur passage, par les douze tribus issues des douze fils de Jacob.

Dans l'Asie méridionale, les autres grands fleuves sont :

L'Indus ou Sind, le plus à l'ouest. Il naît dans le sud-est du petit Thibet, en des lieux inconnus, forme une courbe, remonte vers le nord-ouest, puis redescendant au sud-ouest, continue sa course en laissant à sa droite le Kaboul et le Béloutchistan, à sa gauche le Penjab, le Moultan, etc., et enfin tombe dans la mer des Indes. Les principales villes qu'il arrose sont Astoch, Dera-Ismaïl-Khan, Dera-Ghari-Khan, Tchikarpour, Haïdérabab, Tatta, etc. Le delta qu'il forme à son embouchure n'est bien marqué que dans la saison des pluies. Vers son embouchure est un grand marais que l'on nomme Rhingha. Le cours de l'Indus est de deux mille cinq cent cinquante kilomètres.

Les anciens ne connaissent pas les régions d'où s'échappe l'Indus et qui se trouvaient au nord des monts Emodes. Il traversait alors le royaume d'Abissare, passait entre le royaume de Taxile, à l'est, les Assacéniens et les Hyséens, à l'ouest, et après avoir reçu l'Acésine, grossi de l'Hydaspe, de l'Hydracte et de l'Hyphase, il baignait le pays des Sogdes, la Prasiane, la Patalène, et tombait dans la mer Erythrée ou mer de l'Inde, par plusieurs bouches composant un delta.

Alexandre-le-Grand, après s'être embarqué sur l'Hyphase, fut porté jusqu'à l'Indus et descendit ce fleuve jusqu'à la mer.

On ne sait si c'est l'Inde qui a donné son nom à l'Indus, ou si c'est l'Indus qui a donné le sien à l'Inde.

Après l'Indus, vient le Djihoun, l'Oxus de l'histoire ancienne, qui commence son cours dans les hautes montagnes du Belor, sous le nom de Dourab, se divise en deux bras et une foule de canaux dans le khanat de Kira, et se perd dans le lac d'Aral, après un cours de mille six cents kilomètres. On présume que son cours a changé et qu'il se jetait autrefois dans la mer Caspienne.

Le Syrt, l'Iaxarte des anciens, le cours d'eau le plus septentrional qu'ils connussent en Asie. Il sortait du mont Imaüs, coulait de l'est à l'ouest, rasait la Sogdiane au nord, et allait tomber dans le lac Chorasmique ou mer d'Aral. Alexandre franchit ce fleuve en 328 ; il éleva sur ses bords des autels à Bacchus, à Hercule, à Sémiramis, à Cyrus et à lui-même, en se faisant honorer comme un dieu. Ses compagnons appelèrent ce fleuve Silis.

D'après des recherches récentes, on a trouvé que le Syrt prend sa source dans les hautes montagnes du Turkestan, ainsi que l'Oschan, avec lequel, après avoir traversé la grande Boukharie, il vient se jeter dans le lac d'Aral.

Dans l'Asie méridionale, les fleuves principaux sont :

Le Brahmapoutra, c'est-à-dire fils de Brahma, qui naît dans le pays de Borkhamli, au pied des monts Langsan, traverse la contrée de Mismi, le royaume d'Assam, le Bengale oriental, et après avoir reçu une branche du Gange et quelques-unes des branches du Tistah, prend le nom de Megna, baigne Lakipour, joint ses eaux à celles du bras oriental du Gange, et se jette avec lui dans le golfe du Bengale, après un cours d'environ deux mille sept cents kilomètres.

L'Irawaddy, dont la source s'échappe des montagnes du Thibet occidental. Ce beau fleuve traverse le Thibet de l'ouest à l'est, franchit l'Himalaya par le défilé de Singghian-Kial, parcourt dans toute sa longueur l'empire Birman du nord au sud, arrose en passant la province chinoise d'Yon-nan, et aboutit, par un cours majestueux que bordent des rochers gigantesques et que recouvrent des arbres admirables dont les ramures n'empêchent pas les navires de naviguer sous leur ombrage, au golfe de Martaban, par plusieurs embouchures. Son cours est de trois cent vingt kilomètres.

La ville de Rangoun, capitale du Birman, et l'une des belles cités des Indes, est assise sur l'une de ses branches.

Enfin, pour ne pas citer une infinité de fleuves et

de rivières de moindre intérêt, parlons en dernier lieu du Gange, le fleuve sacré des Indiens, le fleuve par excellence.

Le Gange, en hindoustan Ganga, est le fleuve principal de l'Inde. Nous avons dit qu'il s'échappe des sommets inaccessibles du Dsawala-Giri, dans l'Himalaya, mais qu'il se perd ensuite dans les entonnoirs de ses crêtes aiguës, sous des montagnes de neige et des masses de rochers, pour reparaître plus bas au pied de ces monts gigantesques.

Alors, dans le Gherwal, la branche qu'il forme, et qui ne s'appelle encore que le Bhâgiraty, se réunit à une autre branche nommée l'Alak-Nandâ. Ce Bhâgiraty et cet Alak-Nandâ se reposent à Devaprayaga, tout près d'un temple célèbre parmi les Indiens. Leurs eaux réunies sous le nom de Gange traversent bientôt Hardwar, entrent dans la vaste plaine de l'Hindoustan, et arrosent les villes de Farrakhâbâd, Alla hâbâd, Mirzapour, Bénarès, Ghazipour, Patna, Râdjâmaha, et les provinces de Delhi, Agra, Doudh, Allahâbâd, Behan et Bengale.

C'est dans le Bengale que le Gange forme un immense delta, aux nombreux canaux, sur lesquels s'élèvent Mourchidâbâd, Kaslim-Bazar, Dakka, et d'autres grandes villes.

De ces branches, les principales sont :

L'Hougly qui passe par Calcutta et Chandernagor, toujours navigable et couvert de vaisseaux faisant le commerce avec la capitale de l'Inde anglaise, roulant des eaux que le brahmine vénère comme sacrées, jurant par elles devant les cours de justice au Bengale, comme le Turc sur le Coran;

L'Houringoltâ, qui est également toujours navigable;

Le Gange proprement dit, le plus occidental des canaux, confondant ses eaux avec celles du Megna ou Brahmapoutra, au-dessous de Lakipour.

L'étendue du Gange, prise de la source de Bhâgiraty jusqu'à l'embouchure de la branche la plus considérable, est de quatre cent soixante-dix lieues, en ne tenant compte que des grands contours. En évaluant les sinuosités, elle est d'un quart plus considérable.

Le bassin du fleuve a quatre cents lieues de longueur en ligne droite, et deux cent trente de large. Il est borné au nord par la chaîne de l'Himalaya, couverte de neiges éternelles ; à l'ouest par les montagnes peu élevées de Moggra-Par ; au sud par les monts Vindhia et ceux du Gandouana ; à l'est, il se confond avec le bassin du Brahmapoutra.

Le Gange, depuis Hardwar, où il sort des montagnes, jusqu'au confluent de la Djemnah, a ordinairement un tiers de lieue de largeur. Au-dessous de Gondock, cette largeur est d'une lieue, quand le fleuve n'a pas d'îles. Au-dessous de la Djemnah, il est guéable en quelques endroits, quoique la navigation ne soit pas interrompue. Aux deux tiers de son cours, il a trente pieds de profondeur dans les basses eaux. Il conserve cette profondeur jusqu'à la mer, mais son extension, lui enlevant la force nécessaire pour emporter les barres de sable qu'y accumulent les vents du sud, l'empêche d'être navigable pour de gros navires. L'Hougly seul reçoit des vaisseaux, et même ceux qui jaugent plus de cinq cents tonneaux s'arrêtent à treize lieues au-dessous de Calcutta.

La pente générale du Gange est de vingt-sept pouces par lieue; ses sinuosités la réduisent partiellement à douze. Dans la saison pluvieuse elle est de deux lieues et même de deux et demie.

On comprendra le volume des eaux du Gange quand on saura que ce fleuve a pour affluents quatorze autres fleuves ou rivières : le Cally-Neddy, la Djemnah, la Tonsâ, la Sone, le Foulgo, le Dommondâd, sur la rive droite ; et sur la rive gauche, la Ramganga, le Goumty, le Gogra ou le Sordjou, le Goudock, le Rogmotty, le Kosd, le Mahanada et le Tystâh.

Comme le Nil, le Gange est soumis à des débordements périodiques qui fertilisent les pays qu'il arrose. La somme totale de sa crue est de trente pieds. Cette crue, dans son origine, vers la fin d'avril, est d'un pouce par jour; puis de trois pouces avant que la pluie ne soit tombée autre part que dans les montagnes; enfin, quand les pluies sont générales, de cinq, terme moyen. A la fin de juillet, toutes les parties inférieures du Bengale, voisines du Gange et du Bramahpoutra, sont inondées et forment une nappe d'eau de plus de trente lieues. L'inondation est ascendante jusqu'au quinze août. Elle décroît ensuite de trois à quatre pouces, puis de trois à cinq de septembre en novembre, et de un demi-pouce par jour, terme moyen, de novembre au commencement de mai. Pendant la sécheresse, le Gange verse dans l'Océan quatre-vingt mille pieds cubes anglais par seconde ; quatre cent cinq mille durant la crue ; terme moyen de l'année cent quatre-vingt mille. Quand l'inondation décroît, la masse de sable et de terre roulée par les eaux du fleuve est telle que, en 1794 une des branches, large de presque une lieue, fut obstruée et fermée en une semaine.

L'aspect des bords du Gange est très varié. Là où le courant est rapide et le sol mou, la grève s'élève perpendiculairement et s'éboule aisément. Entre Colgony et Souty, le fleuve a emporté dix mille trois cent soixante hectares de terrain en peu d'années. Il se retire au contraire de la rive opposée, et a laissé à sec l'île Souty, avec deux mille cinq cent quatre-vingt dix hectares.

Les bords en général sont bien cultivés. Des forêts de palmiers les ombragent. Le chacal, chaque nuit, y fait entendre son cri funèbre lorsqu'il vient s'y rafraîchir et s'y repaître des corps que la superstition a jetés dans le fleuve, et qui corrompraient l'air s'ils n'étaient dévorés par cet animal et par des nuées de vautours, de marabouts et de corbeaux.

Les crocodiles y sont aussi fort nombreux.

Le Gange, avons-nous dit, le Gange, comme le Nil, est sacré aux yeux des habitants. Une seule branche, nommée Poudah, n'a pas ce caractère. Puis il y a des points plus sacrés les uns que les autres, où les pèlerins font de préférence leurs ablutions et viennent de fort loin puiser de l'eau pour leurs cérémonies. Ce sont communément les prayagas ou confluents de rivières. Nous avons signalé, au début de cette introduction, le lieu du Dsawala-Giri, dans l'Himalaya, l'un de ces endroits sacrés du Gange, où les Hindous ont placé l'approche du trône de leur dieu Mohaden, et où ils lui ont dressé des autels très fréquentés par de fervents pèlerins.

A part leur sainteté, les eaux du Gange sont aussi vantées pour leurs propriétés médicinales, et beaucoup de mahométans en font usage.

Plusieurs mythologues hindous représentent le Gange, Ganga, nom originaire de tous les fleuves, comme la fille de la grande montagne Himalaya. On l'appelle aussi Djahnari, du nom d'un santon hindou, dont il interrompit la prière en se rendant à la mer. Le santon furieux l'avala d'un trait; mais, à la prière du demi-dieu, il consentit à le rendre par les oreilles.

Ce fleuve fut la dernière limite des conquêtes d'Alexandre-le-Grand.

Il est enfin dans l'orient de l'Asie d'autres fleuves de grande importance, par exemple le Miup ou grand fleuve Pégu, le Lakiang ou Thaluan, le Tanasserim, qui se jette dans la mer à Malacca, le Ménam ou Maigne, le Mékou ou Maikang, dans le Cambodje, et le Hué ou Han-Ise-Kiang.

Les eaux de l'Amour, fleuve qui sépare le nord de la Chine du sud de la Sibérie russe, étendent leur cours majestueux à travers le Da-Urien, le pays des Mantchous et des Tongouses.

On ne peut considérer le fleuve Anadyr qui, au nord, se jette dans le golfe du même nom, comme un bras dépendant du premier.

Indépendamment des deux fleuves gigantesques de la Chine, le Yan-Tshe-Kiang ou fleuve Bleu, et le Hoang-Ho ou fleuve Jaune, les cours d'eau suivants, qui prennent leur source sur les hauteurs septentrionales du mont Altaï et sur les versants qui s'étendent vers la frontière septentrionale de l'Asie centrale, méritent également d'être cités.

Ce sont la Léna, l'Indigioka, le Kolyma, le Iénisséï qui, après un cours de quinze cents milles géographiques, se jette dans la baie des soixante-douze îles, l'Obi et l'Irtish. Tous ces fleuves se déchargent dans l'Océan glacial Arctique.

ILES ET DÉTROITS.

Sur toute l'étendue des côtes du continent asiatique, la mer s'est frayé un passage dans toutes les directions, et a donné naissance à une multitude d'îles qui sont liées à d'autres plus grandes ou plus petites, et à des distances plus ou moins rapprochées.

Ainsi, le détroit de Vaigatz sépare la Nouvelle-Zemble de la Sibérie :

Le détroit de Behring, l'Asie de l'Amérique ;

Celui de Malacca, l'Asie de Sumatra ;

Le détroit de Ceylan, l'île de ce nom, la Taprobane de anciens, de l'Inde en-deçà du Gange ;

Le détroit de Babel-Mandeb conduit de la mer Rouge au golfe d'Arabie ;

Celui d'Ormutz communique du golfe Persique à celui d'Arabie ;

Celui de Caffa, de la mer Noire à la mer d'Azoff ;

Le canal de Constantinople joint la mer de Marmara à la mer Noire ;

Enfin, les Dardanelles communiquent de cette dernière avec l'Archipel, l'antique mer Egée.

La plupart des îles asiatiques sont situées sur les côtes sud et est de l'Asie. Les principales sont Ceylan, les Maldives, les Lakedives, Adaman, Nicobar, Mergui, les centaines d'îles découvertes par Magellan, en 1521, et appelées l'Archipel des Philippines, les

Mariannes, les Moluques, les îles de la Sonde, c'est-à-dire Bornéo, Sumatra, Java, les Célèbes, etc.

Les îles situées sur la côte orientale sont Haïnan, Formose, Lieou-Kieou, les îles Japonnaises, les Kouriliennes, Niphon, Jesso, les îles des Etats du Renard, Aléoutiennes, et une infinité d'autres moins importantes.

Au nord, signalons aussi la Nouvelle-Zemble, les îles de Lena et Lachaf;

Et à l'occident, Rhodes, Chypre, Chio, Mytilène et les nombreuses îles de l'Archipel grec.

ETHNOLOGIE.

Les particularités et les variétés du climat ne se font sentir dans aucune partie du monde autant qu'en Asie.

Son immense étendue embrasse toutes les zônes. Cette circonstance imprime un cachet de variété aux habitants, qui, sous le rapport des formes physiques, du langage, de l'industrie, des mœurs et de la religion, se divisent en un grand nombre de classes.

La couleur de leur peau passe du blanc au noir, par une variété infinie de nuances. La couleur des anciennes races du Caucase se montre plus ou moins chez les peuples qui habitent actuellement les contrées qui l'avoisinent, tels que les Arméniens, les Tatars, les Perses et les Afghans, qui sont tous remarquables par la régularité des formes. Ils ont de beaux traits, le front élevé, l'œil grand, le nez long et tant soit peu courbé, les joues rouges et les cheveux noirs ou d'un brun clair.

Ceux dont la peau est d'une teinte jaunâtre sont les Sibériens, les Mongols, les Tongouses, les Chinois, les Thibétains, les Japonais, les Indiens occidentaux, les Birmans et les Siamois.

Le brun clair, avec quelques variétés, est la couleur des peuples qui habitent l'Inde orientale.

Ceux de Malacca ont les cheveux noirs et bouclés, le nez plat et la bouche saillante.

Les habitants de l'île de Ceylan, les insulaires de Sumatra, Bornéo, des Célèbes, des Moluques et des Philippines, ont des cheveux noirs laineux, le nez épaté et les pommettes saillantes.

Les Mongols, dont les cheveux sont d'un brun clair et d'une raideur remarquable, ont l'habitude de se les arracher, ainsi que la barbe. Leurs traits sont fortement prononcés : ils ont le visage aplati, les yeux excessivement petits et les joues saillantes. Cette race comprend presque tous les peuples asiatiques, à l'exception des Malais et des habitants du Caucase, les tribus finnoises du nord de l'Europe, et les Esquimaux d'Amérique.

Les habitants des contrées polaires, tels que les Samoïèdes, les Téchukts, les Yakouts et les Kamtchadales dépassent rarement la taille de quatre pieds.

La plupart des insulaires appartiennent soit à la race malaise, soit à l'éthiopienne.

La même variété qui existe dans les rapports physiques des peuples qui habitent actuellement l'Asie, se fait remarquer dans les formes de la vie sociale, depuis la rudesse des peuples nomades jusqu'au luxe et à la sensualité des occidentaux, dans la Turquie, la Perse et l'Hindoustan : il y manque seulement les formes régulières de la liberté légale, et la haute perfection de la vie civile.

On peut diviser les peuples de l'Asie, tant les habitants aborigènes que ceux qui sont venus s'y établir en deux classes principales : les nomades et les civilisés. L'histoire montre que les premiers, pour la plupart chasseurs et bergers, composent la population primitive. Ils habitent encore les grandes plaines de l'Asie centrale. Dans l'Asie occidentale et méridionale, l'étincelle de la civilisation s'étant communiquée de toutes parts, a fait naître le besoin de grandes associations politiques, d'où sont sortis de vastes empires et les habitudes de la vie civile. Les castes sacerdotales et les conquérants ont établi des formes qui, jusqu'à nos jours, ont façonné les hommes à l'obéissance aveugle, et en ont fait les instruments du despotisme et de l'arbitraire. De là vient que la forme du gouvernement qui domine en Asie est le despotisme. Le subalterne est l'escave de son supérieur, et la femme est absolument soumise aux lois et aux caprices de l'homme. Il y a fort peu de hordes où les formes du gouvernement patriarcal se soient conservées.

LANGUES.

Des cinq cent quatre-vingt millions d'hommes qui habitent l'Asie, ving-neuf souches aborigènes principales sont connues. Ce sont les Samoïèdes, les

Yakouts, les Votiaks, les Mordvines, les Tchouavaches, les Tschérémisses, les Lesghès, les Vogoules, les Koudisiakouts, les Slaves, les Tcherkesses, les Kisti, les Géorgiens, les Afghans, les Grecs, les Tatars, les Kalmoucks, les Mongols, les Tongouses, les Korjakats, les Tekuchs, les Kamtchadales, les Kurites du nord, les Kurites du sud ou Aïnos, les Japonais, les Coréançais, les Perses, les Arméniens, les Syriens, les Arabes, les Indous, les Thibétains, les Malais, les Siamois, les Anamites, les Chinois et la race des Nègres qui habitent les îles du sud-est.

M. Balbi divise ainsi qu'il suit les différents langages des peuples de l'Asie :

Dans la partie occidentale, les langues Hébraïque, avec le Phénicien et le Punique, le Syriaque, avec le Chaldéen; le Mède, le Pehlwi et l'Arabe.

Les langues du Caucase sont la Géorgienne et l'Arménienne, que Bopp et Newmann font dériver du sanskrit, la Circassienne et l'Abascienne.

La langue persane, ainsi que les dialectes qui en dérivent, et qu'on parle dans les différents provinces de la Perse et les pays voisins.

La langue hindoue, qui a pour racine principale l'ancien sanskrit, et les différents dialectes qu'on parle maintenant, tel que le Pali, le Prakrit, le Devangari, l'Hindou-Chinois, l'Hindou-Birman, le Pégusien, le Siamois, le Chinois, le Japonais et le Coréen.

La langue tatare, d'où dérivent les dialectes du Tongou, de la Mantchourie, de la Mongolie, du Kalmouck et de la langue turque, y compris les idiômes des Yakouts et des Tchouavaches.

Enfin les langues sibériennes, telles que celles des

Samoïèdes, de Koria, du Sénisséï, du Kamtchatka et du Kouile.

Il y a dans toute l'Asie plus de cent quatre-vingts idiômes différents.

La langue de l'ancien peuple civilisé de la Haute-Asie, les Ouigours, s'est conservée dans le Thibet, ainsi que le sanskrit, antique langage des Bramines, dans une partie de l'Inde montagneuse.

L'Antique Pehlwi est encore en usage dans quelques provinces frontières de la Perse et du Kaboulistan.

Les langues qu'on ne parle plus sont l'Hébreu, le Zend, le Chaldéen, le Phénicien et le Phrygien.

On ne voit plus aucune trace de l'ancien langage en usage autrefois sur le bord du Cyrus, actuellement le Kour.

PRODUCTIONS.

La nature, qui, dans cette intéressante partie du monde, a doué l'homme d'une variété infinie sous le rapport de la forme extérieure et des mœurs, n'a pas été moins généreuse à l'égard du règne végétal et du règne animal. Dans les régions tout-à-fait septentrionales, où sévit un hiver perpétuel, on voit à peine quelques touffes d'herbes et de mousse. On n'y trouve que des cavernes, refuge des chiens marins et des ours blancs. Dans l'Asie centrale, les steppes salées et les déserts de sable succèdent alternativement aux plus belles plaines du monde. Dans l'Asie méridionale, on rencontre la plus grande abondance de fruits à épices, ainsi que des troupeaux d'éléphants et d'autres animaux que l'ardeur du climat rend féroces. Indépendamment de l'arbre à café et de la canne à sucre, dont l'Asie a enrichi l'Amérique, la chaleur du soleil dans la zône torride rend la terre féconde en plantes à épices, balsamiques, odorants, et médicinales. Aucun pays du monde n'offre un choix semblable d'arbres fruitiers de toutes les dimensions : presque tous les arbres à fruits que l'on possède en Europe sont originaires de la Perse et de la Syrie. Dans l'Hindoustan, le palmier cocotier s'élève à une hauteur de soixante à quatre-vingts pieds, et ne produit pas seulement le vin de palmier et l'excellent arack, mais encore une espèce de choux, de l'huile et des noix d'un goût délicieux. Le bois de cet arbre sert à toutes sortes d'usages. On fait d'excellents câbles avec son écorce filamenteuses et des tasses avec l'enveloppe de ses noix. A côté de cet arbre croissent les palmiers à vin, l'arbre de sagou, l'areka, le dattier à éventail, ainsi que le ficus bengalensis, vénéré des Hindous. Ses vastes branches s'inclinent vers la terre en décrivant un angle droit, et se relèvent en poussant un nouveau tronc, de telle sorte qu'avec le temps un arbre peut devenir une forêt entière.

Les productions particulières de l'Asie sont l'indigo, la garance, le jasmin grandiflore, l'arbre à soie de Syrie, le thé, le cajeput, le lentisque, l'arbre à poivre, le baumier, le pin aromatique, le myrthe, le camphrier, la bourdaine, la cannelle, la muscade, le bétel, et toutes sortes de plantes à épices.

Les animaux sont la chèvre angora, le zébu, le musc, la zibeline, le gerbo, la marmotte, l'alouette de Tonquin, dont ont mange les nids, la musareigne du

Sénisséï, le plus petit des mammifères, le grand bénitier. Nous omettons le lion, le tigre, le guépard, l'éléphant, le rhinocéros, le léopard, la panthère, et une foule d'autres animaux.

Les productions particulières de l'Asie sont l'asphalte, le naphte, l'aimant, dont il y a des montagnes entières dans l'Oural, les plus beaux diamants, le rubis, le saphir, l'émeraude, l'aigue-marine.

RELIGIONS.

La vie politique, l'industrie, ainsi que les trois principales religions de l'Europe, ont eu leur berceau en Asie, où les connaissances, les arts et l'industrie étaient déjà avancés quand l'Europe n'était encore qu'un désert presque inhabitable.

Disons que les chrétiens de l'Asie, au nombre de dix-sept millions, appartiennent en grande partie aux Eglises catholique romaine, grecque et arménienne. Cependant on y trouve aussi des sectateurs de la loi mahométane, au nombre de soixante-dix millions. Quant aux païens, au chiffre énorme de trois cent quatre-vingt-six millions, la plus grande partie est adonnée à l'idolâtrie.

Nous ajouterons ensuite quelques détails sur la religion de Brahma et sur celle de Bouddah ou de Fo, qui, avec l'islamisme, sont les trois cultes dominants de l'Asie.

Enfin, nous parlerons quelque peu de la religion de Sinto et des Esprits, et de celle des Guèbres ou du sabéisme, le culte du soleil, en Japon et en Perse.

ISLAMISME.

L'Asie, le berceau du monde, de la civilisation, de toute lumière, a vu naître les deux seules religions divines et véritables, la religion de Moïse et la religion de Jésus-Christ, si toutefois on peut dire qu'elles ne font pas une seule et même religion.

De longs siècles les ont vus régner et fleurir dans cette belle et riche région.

Maintenant, hélas! elles n'y existent plus qu'à titre d'étrangères!

Fondateur de la religion musulmane, appelée aussi islamisme, du mot arabe islam, signifiant soumission à Dieu, Mahomet, en arabe Mohammed, naquit à la Mecque vers l'an 570 de Jésus-Christ. Il appartenait à la puissante tribu des Koraichites. Il perdit à cinq ans son père Abdallah, et fut élevé auprès de son oncle Abou-Taleb, prince de la Mecque, jusqu'à l'âge de quatorze ans; puis alors il s'engagea, en qualité de chamelier ou conducteur de chameaux, dans les caravanes qui faisaient le trajet de la Mecque à Damas. De retour à la Mecque, la riche veuve d'un marchand, nommée Kadichah, l'ayant pris pour diriger ses affaires, Mahomet l'épousa trois ans après, alors qu'il avait vingt-cinq ans.

Déjà Mahomet s'était fait remarquer par son esprit et la régularité de sa conduite: mais, depuis son mariage jusqu'à l'âge de quarante ans, il mena une vie toute de retraite et d'étude, pendant laquelle il conçut le projet de réformer la religion de son pays, d'y faire adorer un seul Dieu, et de réunir en un seul culte les diverses religions qui divisaient alors l'Arabie, savoir l'idolâtrie, le sabéisme et le judaïsme. Il feignit des révélations, parla en inspiré, et, comme il était sujet à des attaques d'épilepsie, il fit passer l'état violent dans lequel ces attaques le mettaient pour le résultat des vives impressions que lui causaient l'apparition, rayonnante de gloire, de l'ange Gabriel venant, par l'ordre de Dieu, lui dicter les vérités qu'il devait révéler aux hommes.

Il convertit d'abord sa femme Kadichah, huit membres de sa famille, et quelques amis puissants, parmi lesquels on compte Ali, Abou-Bekr et Othman, qui furent tous trois califes, c'est-à-dire vicaires ou représentants du nouveau prophète.

Sa mission commençait en 610. Dès-lors il prêcha publiquement, se déclarant lui-même prophète et envoyé du ciel.

Cependant il se forma une conspiration contre Mahomet, qui fut contraint de quitter la Mecque, en 622, et de se retirer à Médine. Mais cette retraite fut l'époque de sa gloire et de l'établissement de son empire et de sa religion.

C'est ce que l'on nomma hégire, ce qui signifie fuite ou persécution, dont le premier jour répond au 16 juillet 622.

Mahomet ainsi persécuté donna l'ordre à ses sectateurs d'employer les armes à la propagation de la nouvelle religion. Il parvint lui-même à soumettre plusieurs tribus de l'Arabie, et, en 630, il s'empara de la Mecque, dont il renversa les idoles. Il allait étendre au loin ses conquêtes, lorsqu'il mourut, à Médine, en 632, laissant ce soin à ses généraux, dont les plus fameux sont Abou-Bekr, Kaled, Omar,

Amrou. Mahomet fut enterré dans la chambre d'une de ses femmes et sous le lit où il était mort, des suites du poison donné par une juive qui voulut s'assurer s'il était vraiment prophète.

Mais c'est une erreur populaire de croire qu'il est suspendu dans un cercueil de fer, qu'une ou plusieurs pierres d'aimant tiennent élevé à la voûte de la grande mosquée de Médine. Son tombeau se voit encore aujourd'hui à l'un des angles de ce temple. C'est un cône de pierre placé dans une chapelle dont l'entrée est défendue aux profanes par d'énormes barreaux de fer.

Les dogmes et les préceptes de la religion de Mahomet sont consignés dans un livre appelé le Coran.

Coran ou Alcoran est un mot qui, en arabe, signifie le Livre !

Il fut écrit par Mahomet. Ce prétendu prophète y déclare que ce livre est l'œuvre de Dieu lui-même, et qu'il lui a été transmis par l'archange Gabriel. Mais il est facile de reconnaître que ce livre est un mélange confus des doctrines chrétiennes et juives, unis aux traditions orientales. Les principaux dogmes sont l'unité de Dieu, l'immortalité de l'âme, un paradis avec des joies matérielles, le jugement dernier et la prédestination. Le fatalisme, qui ne saurait s'accorder avec la justice de Dieu, fut adapté par Mahomet à sa doctrine pour en faire un auxiliaire de l'esprit de conquête, en inspirant le mépris de la mort. Quant aux préceptes, ce sont la circoncision, la prière, l'aumône, les ablutions, le jeûne, surtout pendant le Ramadan, carême des Turcs, qui a lieu le neuvième mois de leur calendrier, les sacrifices et l'abstinence du vin et de toute liqueur fermentée.

Le Coran fut mis en ordre et publié par Abou-Bekr, successeur de Mahomet, l'an treizième de l'hégire, 634 de J.-C., deux ans après la mort de Mahomet.

A peine Mahomet avait-il rendu le dernier soupir, que différents schismes éclatèrent dans l'islamisme. Chacun des califes qui prirent sa place simultanément interpréta le Coran à sa manière. Il s'en suivit de longues et terribles guerres.

De nos jours, il n'y a plus de califes, c'est-à-dire de vicaires revêtus du pouvoir spirituel et temporel. Le sultan, qui règne à Constantinople, n'est investi que de l'autorité temporelle, et c'est un muphti qui, de concert avec les oulémas, ou docteurs, juge les questions de doctrine. Vient ensuite le prédicateur ou khatib; l'iman, qui fait la prière dans la mosquée, puis de nombreux religieux appelé santons et kalenders.

Nous passons maintemant à la religion qui, de très haute antiquité, règne dans tout l'Hindoustan, à savoir :

LE BRAHMANISME.

Cette religion reconnaît un être suprême, Para-Brahma, qui reste éternellement immobile, n'agissant que par l'intermédiaire de Brahma, Vischnou et Shiva, triple manifestation de l'être suprême, espèce de trinité — trimourti — qui ne forme elle-même qu'un seul Dieu.

Selon les védas, livres sacrés des Hindous, Brahma est la puissance, le créateur, la matière. Il représente le passé, et a pour emblême le soleil.

Vischnou est la sagesse, le conservateur, l'espace. C'est le présent ; l'eau est son emblême.

Shiva, ou le feu. Il représente l'avenir, et est le dieu de la justice.

Ces trois dieux exercent leur pouvoir sur le monde par le secours d'une infinité de dieux subalternes.

Les sectateurs de Brahma croient à la métempsycose, à l'immortalité de l'âme. Ils doivent se purifier par des abstinences et une foule de pratiques religieuses. Ils sont partagés en quatre castes principales :

Les brahmanes, qui sont les savants et les prêtres, et d'où sont tirés tous les fonctionnaires publics ;

Les chattryas ou guerriers, d'où sont issus les radjas et les naïres du Décan ;

Les waïskias, commerçants, agriculteurs, appelés aussi banians ;

Et enfin les soudras, qui sont les artisans ou ouvriers.

Les traditions hindoues expliquent ainsi l'origine de ces castes :

Para-Bhrahma, disent-elles, eut quatre fils,

Brahma, qui fut créé de sa bouche, Chattryas, Waïskia et Soudra, qui sortirent de ses bras, de ses cuisses et de ses pieds. Chacun de ces fils donna naissance à une caste hindoue.

Au-dessous d'elles sont les parias, infortunés dont les Hindous fuient le contact comme celui d'un animal immonde. Cette classe se compose de tous ceux qui, par un motif quelconque, ont mérité d'être exclus de leurs castes. Ils habitent les lieux solitaires et sont forcés de se livrer aux fonctions les plus dégoûtantes.

Le culte brahmanique est rempli de superstitions, les unes ridicules, les autres révoltantes. Ainsi, à la fête de Djaggernâth, tandis que le char du dieu écrase sous ses roues pesantes une foule de victimes qui se précipitent au-devant de cette mort dont ils attendent une éternelle félicité, d'autres fanatiques se réunissent dans les pagodes pour se soumettre à des tortures volontaires.

Une coutume hindoue fort barbare oblige les femmes à se brûler sur le cadavre de leurs maris.

Les ablutions et les lustrations dans les fleuves sacrés, mais spécialement dans le Gange, font encore une partie principale du culte brahmanique.

La ville de Bénarès est un des lieux sacrés où se fait le plus de pèlerinages.

Les Anglais, devenus injustement les maîtres des Indes orientales, cherchent chaque jour à empêcher la pratique de quelques-unes des plus révoltantes superstitions de la religion brahmanique, mais ils n'en viennent que très difficilement à bout.

BOUDDHISME.

Le brahmanisme donna naissance au bouddhisme, l'une des plus fausses religions. En effet le bouddhisme se forma dans l'Inde mille ans environ avant notre ère, on le suppose du moins. Longtemps avant J.-C. cette religion régnait parmi les hordes nombreuses de l'Asie centrale.

Introduite en Chine, dans le Ier siècle, la Corée, le Japon, le Thibet la reçurent successivement. Les Mongols enfin l'embrassèrent sous les premiers successeurs de Gengis-Khan, et aujourd'hui elle couvre une immense partie de l'Asie, où elle compte plus de deux millions de sectateurs

Le bouddhisme prétend que notre existence actuelle est imparfaite et sans réalité. Il dit que ce monde de la matière est une illusion de nos sens. Il enseigne la nécessité de dégager notre âme de ce monde périssable, pour lui donner entrée dans ce monde immatériel et vrai où réside Bouddha, l'intelligence suprême et la raison parfaite, qui habite au-dessus l'espace lumineux, dans une région éternelle et indestructible. C'est là que résident les âmes déjà parvenues à l'état de Bouddha, assistant à la création et à la destruction des mondes, car le bouddhisme admet une série perpétuelle de créations et de destructions du monde.

Les plus parfaites de ces âmes, les Bouddhas accomplis, peuvent s'incarner et descendre sur la terre afin de dégager les âmes enchaînées dans ce monde matériel, sur lequel elles ont un empire souverain.

Chakyamouni, le quatrième des Bouddhas déjà paru, est mort l'an 542 avant notre ère, et Maitreya, le cinquième Bouddha, doit paraître cinq mille ans après lui.

Après la mort d'un Bouddha incarné, sa représentation reste sur la terre jusqu'à la venue d'un autre Bouddha, et elle est animée par les incarnations successives de Bouddhas moins parfaits. Ainsi les bouddhistes adorent aujourd'hui Padmapani, ou la représentation de Chakyamouni, qu'ils croient toujours visibles du dalaï-lama, du Thibet, leur grand pontife, dont nous allons dire quelques mots.

Du reste, la religion bouddhique est assez pure dans les dogmes moraux ; elle tend à l'adoucissement des mœurs et au perfectionnement de l'individu. Elle a brisé l'inflexible barrière des castes hindoues.

Les sectateurs de Bouddha pensent qu'il suffit, pour que les prières adressées à la divinité soient efficaces, qu'elles soient mises en mouvement, soit récitées par la bouche de l'homme, soit écrites et agitées par un moyen quelconque. Aussi voit-on dans les temples bouddhiques un grand nombre de cylindres qui tournent continuellement par le mécanisme d'un moulin à eau. Ils renferment les livres religieux, dont le contenu, ainsi agité, doit être d'une influence très heureuse sur le bien du genre humain. Dans les grandes solennités on allume aussi un guéridon garni de cent huit lampes qui représentent les volumes sacrés et que l'on fait tourner dans le même sens que les cylindres. Les chapelets des prêtres bouddhistes se composent également du même nombre de grains, cent huit.

LE GRAND-LAMA.

Nous avons dit qu'à la tête de la hiérarchie sacrée des Bouddhistes, est placé un souverain, le dalaï-lama, ou le lama immaculé, immortel, qui est présent partout et qui sait tout. C'est lui qui est le substitut d'un seul Dieu, et le médiateur entre les mortels et l'Être suprême. Ses sectateurs ne le considèrent que sous le jour le plus favorable, comme perpétuellement absorbé dans ses devoirs de religieux, et ne détournant son attention sur les hommes que pour les consoler et les encourager par sa bénédiction, pour exercer enfin le plus doux des attributs, la miséricorde et le pardon.

Il réside à Hlassa, dans le Thibet, sur la frontière de la Chine, au monastère de Potala.

Il a sous lui un second lama, demeurant à Teschiklambo, mais qui le reconnaît comme son supérieur.

Les environs de Potala sont en outre peuplés d'une multitude de moindres lamas, dont le nombre s'élève à vingt mille. Aussi les pagodes ou temples sont en telle quantité dans la contrée, qu'on en trouve à chaque pas. Les cloîtres ou monastères ne sont pas moins de trente mille dans la seule ville de Hlassa. Jugez de ce que les provinces peuvent en contenir ! Le plus grand nombre de ces couvents est réservé aux femmes.

PAGODES.

Le nom de pagodes dont je me suis servi plus haut, du mot persan pont, qui veut dire idole, et de gheda, temple, dont on a fait pontgheda, puis pokhoda, que nous avons converti en pagode.

Ces pagodes sont en général magnifiquement bâties et richement décorées.

Il y en a une à Golconde, dont la niche où l'on fait la prière est un monolithe si volumineux qu'on a été cinq ans à l'extraire de sa carrière, en employant cinq à six cents hommes à ce travail. Du reste, ces pagodes ne sont pas très vastes et ne forment à proprement parler que de grandes chapelles.

Dans ce paysage magnifique de l'Inde, et au milieu des sites ravissants d'une contrée dont l'exubérante végétation est des plus admirables, les caprices d'architecture de ces innombrables pagodes sont du plus bel effet.

On nomme aussi pagode, par extension, l'idole qui est adorée dans le temple de ce nom, et, par suite, de petites figures grotesques, ordinairement de porcelaine, dont les premières nous sont venues de Aime.

Nous n'insisterons pas ici sur les autres détails ayant trait au dalaï-lama, sur la crosse, les rosaires des bouddhistes, les cloches de leurs pagodes, etc.

RELIGION DE SINTO OU DES ESPRITS.

La religion primitive du Japon partage, avec le bouddhisme, les habitants de ce pays. Elle rend un culte à la vertu, reconnaît en même temps le dieu Tien, qui n'est autre que le ciel ou le soleil, et une foule d'esprits ou de dieux infernaux.

Cette même religion divinise aussi de grands hommes.

Elle prescrit l'usage des viandes.

Ses doctrines sont fondées sur un ouvrage de Confucius intitulé Sinto, d'où ce nom a été donné au culte.

RELIGION DE CONFUCIUS.

Trois cultes différents règnent en Chine :

1° Celui de Confucius ou des lettrés, qui est la religion de l'Etat et des classes élevées. Ce culte reconnaît un être suprême. Il a des temples mais pas de prêtres. L'empereur seul remplit les devoirs religieux au nom de tout ce peuple. Ce culte recommande surtout la piété filiale, le respect pour les morts, et il honore la vieillesse d'une manière particulière.

2° Le culte de Tao-Tsé ou de la raison primitive, culte établi six cents ans avant notre ère, par le philosophe Tao-Tsé. Cette religion a dégénéré en une sorte de polythéisme.

3° Enfin, celui de Bouddha, ainsi que nous l'avons dit.

BONZES ET BONZIES.

Bonzes, tel est le nom que l'on donne aux prêtres de ces cultes divers, mais notamment aux ministres inférieurs du bouddhisme, sans distinction des sectes nombreuses dans lesquelles ils se partagent.

On les dit fort austères. Ainsi se lèvent-ils à minuit pour chanter les louanges de leur dieu et pour méditer sur quelque point de morale. La plupart ne fréquentent que les bois, les déserts et les campagnes. Les uns font profession de magie, les autres se livrent à une vie de pénitence et de contemplation.

Enfin, un grand nombre forment une sorte d'ordre de mendiants qui se tiennent sur les routes et rançonnent les passants au moyen de quelques lignes de prières qu'ils récitent à haute voix et qu'on ne manque pas d'écouter avec reconnaissance et respect.

Les bonzes ont toujours de bonnes et dignes paroles à la bouche. Ils ont les cheveux et la barbe rasés, et quelque temps qu'il fasse, ne se couvrent jamais la tête. Ils donnent la plus grande partie du jour à la prière, gardent en public le plus profond silence, et paraissent toujours dans le plus profond recueillement. Mais ce qui les caractérise tous, c'est leur insatiable cupidité. Ils exploitent les croyants en leur vendant fort cher une foule de bagatelles, entre autres des robes de papier, dont il se fait un débit prodigieux, et dont chacun veut mourir revêtu.

Il y a aussi des monastères de filles que l'on nomme bonzies. Elles sont chargées de l'éducation des jeunes personnes de leur sexe.

CULTE DU FEU, SABÉISME.

GUÈBRES ET ZOROASTRE.

Zoroastre naquit en Médie, sous le règne d'Hystaspe, père de Darius Ier.

La religion des Mèdes étant chargée par les mages de pratiques superstitieuses, Zoroastre entreprit de la réformer. Il prescrivit le culte du feu, qui n'est autre que l'adoration du soleil, pratiquée déjà chez les Assyriens et les Chaldéens.

Le culte imposé par Zoroastre réglait la vie publique comme la vie privée, il annonçait des peines et des récompenses après la mort. Ormuzd et Mithras étaient ses dieux, et les mages ses prêtres.

De nos jours on donne le nom de sabéisme au culte du feu, qui est encore pratiqué dans certaines contrées, et on appelle Guèbres les sectateurs de ce culte.

Guèbre, du mot persan ghebr, de même que giaour en turc, signifie infidèle. C'est le nom que les musulmans donnent aux peuples qui adorent le feu. On les nomme aussi Parsis, parce qu'ils sont originaires de Pars, et Mandjous, de l'appellation antique de mages, ministres de la religion de Zoroastre.

Les Guèbres, comme les Arabes de l'Yémen, connus sous le nom de Sabéens, du mot sabéisme expliqué plus haut, adorent le soleil comme l'image de la divinité et le type du feu le plus pur. Jamais ils n'éteignent le feu volontairement, mais ils le laissent mourir faute d'aliment. Si leur maison brûle, ils ne cherchent pas à éteindre l'incendie. Ils ont en outre un attachement superstitieux pour leur ceinture, et ne la quittent jamais.

Ils conservent religieusement les livres de Zoroastre.

Les Guèbres, qui se trouvent plus particulièrement en Perse, sont doux, bienfaisants, fidèles, et ne méritent nullement le mépris auquel ils sont condamnés chez les musulmans.

Dans les Indes, ils sont fort nombreux ; ils y habitent les bords de l'Indus et le Guzarate ; mais leur véritable patrie est Bombay.

C'est sur les hauteurs que d'ordinaire ils adorent

le soleil, et allument de petits feux de branches sèches devant lesquels ils se prosternent et prient avec une ferveur digne d'une autre divinité.

RUINES ILLUSTRES DE L'ASIE.

TROIE, ÉPHÈSE, SARDES, ETC.

L'une des grandes curiosités de l'Asie, c'est le semis de ruines dont elle est parsemée.

Berceau des premiers et des plus grands empires, elle porte sur mille points des traces indélébiles de sa grandeur primitive et des puissantes et magnifiques cités dont les noms glorieux émeuvent encore le monde.

A peine touche-t-on au rivage de l'Asie-Mineure que le regard est aussitôt frappé de débris qui évoquent devant vous la grande image du passé.

Près de Koutaieh, l'antique Kotyœum, c'est d'abord un monument phrygien remarquable sur les faces duquel on lit : Au roi Midas.... et qui apprend que ce sépulcre, taillé dans ce roc vif et couvert de sépultures analogues à celles de Mycènes, peut être attribué à des princes de la dynastie de Midas, 600 ans avant J.-C.

A quelque distance d'Azani, non loin de là, c'est le squelette grandiose d'un vaste théâtre et d'un temple de Jupiter, ouvrage grec des plus remarquables parmi ceux qui subsistent encore.

A Smyrne, c'est l'Homérion ou temple consacré au grand poète Homère, et retrouvé naguère dans les fouilles nécessitées par les travaux d'un chemin de fer.

Dans le voisinage, c'est Ephèse, célèbre par son temple de Diane, dont on voit encore les immenses voûtes souterraines qui soutenaient ce colossal et merveilleux édifice.

C'est Sardes, la capitale de la Lydie, la ville du riche Crésus, qui présente à l'admiration de l'archéologue étonné les ruines gigantesques d'un temple et le tombeau non moins gigantesque d'Alyalte, père du même Crésus. Ce tombeau, ayant l'aspect d'une colline, est un cône en terre de deux cents pieds d'altitude et de six stades de circonférence à sa base, construit en énormes pierres de taille, à moitié caché par l'exhaussement du sol.

Voici venir à son tour Halycarnasse, qui occupe encore le site le plus gracieux. Boutroun est son nom moderne, et fait voir sur les murs de sa citadelle de fines sculptures, des bustes de personnages nus ou habillés, des processions funéraires, toutes choses qui ont appartenu certainement au fameux mausolée élevé par la désolée Artémise à son cher époux Mausole, roi du pays.

Plus loin, apparaît la ville d'Esculape, la belle Guide, où Vénus avait plusieurs temples fameux dont on retrouve les ruines.

Puis, vient la grande ville de la Cilicie, Tarse, dont le sol est couvert de demeures modernes entremêlées de débris d'autrefois.

Enfin, dans la Troade, au nord-ouest de cette même Asie-Minenre, revit, dans les ruines qui en rappellent le souvenir, le plus poétique et le plus durable des drames de l'antiquité, celui dont Priam,

Hector, Pâris, Hécube et Andromaque, Achille et Agamemnon, Ulysse et Ménélas ont été les acteurs, et qu'Homère a chantés dans ses poèmes immortels. Quelle cité eut une splendeur plus grande que Troie, Ilion, Pergame, la même ville sous trois noms.

De cette Troie si célèbre, que reste-t-il aujourd'hui? Le petit et misérable village de Bournar-Bachi, quelques ruines d'une citadelle sur un rocher voisin, composée de polygones irréguliers, d'une citerne taillée dans ce rocher et de trois tombeaux, des tronçons de colonnes en marbre blanc, d'énormes blocs de murailles, un aqueduc et un palais éventré que l'on signale comme ayant été celui de Priam.

« Le 21 septembre, à six heures du matin, raconte M. de Châteaubriand, on vint me dire que nous allions doubler le détroit des Dardanelles. La fièvre qui me possédait alors fut chassée par les souvenirs de Troie. Je me traînai sur le pont. Mes premiers regards tombèrent sur un haut promontoire couronné par neuf moulins : c'était le cap Sigée. Au pied du cap je distinguais deux tumulus, les tombeaux d'Achille et de Patrocle. L'embouchure du Simoïs était à gauche ; plus loin, en remontant vers l'Hellespont, paraissaient le cap Rhétée et le tombeau d'Ajax. Dans l'enfoncement s'élevait la chaîne du mont Ida, dont les pentes, vues du point où j'étais, paraissaient douces et d'une couleur harmonieuse. Ténédos était devant la proue du vaisseau. Je promenais mes yeux sur ce tableau et les ramenais malgré moi à la tombe d'Achille. Les pyramides des rois égyptiens sont peu de chose comparées à la gloire de cette tombe de gazon que chanta Homère et autour de laquelle courut Alexandre-le-Grand. Pour moi, s'il ne m'a pas été permis de visiter cette terre sacrée, heureux encore j'ai pu la saluer, j'ai pu voir les flots qui la baignent et le soleil qui l'éclaire. »

RUINES DE NINIVE ET BABYLONE

Avançons encore à travers les débris de villes grecques, romaines, persanes et arabes dont est jonché le pachalick de Bagdad, et arrivons à cette terre illustre entre toutes qu'arrosent le Tigre et l'Euphrate, et qui porta jadis les rayonnantes cités de la reine de l'Orient, Babylone, et de sa rivale, Ninive.

A ce sujet, M. Heeren s'exprime ainsi :

« Au rapport d'Hérodote, seul témoin oculaire qui ai laissé une description de l'antique Babylone, la ville formait un carré dont chaque côté avait cent vingt stades de longueur. Elle était située sur les deux rives de l'Euphrate, qui la divise en deux parties réunies par un pont de pierres, couvert d'un plancher de bois qu'on pouvait enlever à volonté. Les bords du fleuve étaient revêtus de briques. D'un côté de la ville s'élevait le palais du roi ; dans l'autre était le temple de Bel, dont l'enceinte avait deux stades de circonférence. Au milieu de cette enceinte, on voyait une tour à huit étages ou terrasses, dont la plus basse avait une stade de longueur et autant de largeur, et en-dehors de laquelle étaient pratiqués tout autour des escaliers avec des paliers. Sur la dernière et plus haute terrasse était le sanctuaire de Bélus avec une table et un siége d'or, mais sans statue, qui se trouvait dans une chapelle attenante, également toute d'or. La ville était entourée d'un fossé large et profond, rempli d'eau et revêtu de briques, derrière lequel s'élevait une digue ou muraille d'une hauteur considérable, construite avec les terres du fossé qu'on avait converties en briques, et munies de portes vers le haut. Une autre muraille, presque aussi forte, traçait une seconde enceinte audedans de la ville, et le palais du roi était fortifié. Les rues tirées au cordeau, les portes d'airain du côté du fleuve, et les maisons à quatre étages faisaient de Babylone la plus belle cité que l'historien grec ait jamais vue, et pourtant il avait visité l'Egypte. »

Voici maintenant ce que nous dit de Babylone, dans son état actuel, M. Alfred Driou, dans son *Histoire des Voyages :*

« L'antique Babylone, si fidèlement décrite par Hérodote, montre ses ruines éparses sur les bords de l'Euphrate, non loin de la petite ville moderne d'Hilla. Porter, l'un des derniers voyageurs qui les ont visitées, s'y rendit de Bagdad, située à environ deux lieues au nord, et près du Tigre. Tout le pays qu'il traversa n'est qu'une plaine inculte; mais on peut juger qu'il n'en fut pas ainsi autrefois, d'après les nombreux canaux qui le coupent de toutes parts, et qui sont à sec, aussi bien que par les fragments de briques et de tuiles dont il est parsemé. Quelques caravensérails isolés marquent seuls les stations des voyageurs, auxquels ils n'offrent que de faibles ressources. C'est au dernier de ces caravensérails, près du village de Mohavil, et à quatre lieues de Hilla, que commencent les ruines de Babylone proprement dites.

» Le sol alors est entièrement couvert de débris et de décombres, qui sont, à n'en pouvoir douter, les restes d'une vaste capitale. Des monticules sont épars sur les deux rives de l'Euphrate. Le plus considérable est placé sur la rive occidentale du fleuve, mais à quelques milles, et porte le nom de Bourdj-Nemrod, du nom de Nemrod, ce violent chasseur dont parle l'Ecriture. Ce gigantesque débris n'a pas moins de deux mille pieds de circonférence et de deux cents d'élévation. Il est surmonté d'une tour tronquée qui compte trente-cinq pieds d'élévation. On voit encore trois des huit terrasses en retraite qui semblent avoir composé jadis cette colline, évidemment faite de main d'homme, puisqu'elle est formée de briques crues et cuites, de pierres noires, de marbres, etc. Alexandre-le-Grand tenta de déblayer cette ruine grandiose, mais ce travail fut interrompu.

» Serait-ce donc la fameuse tour de Babel, le premier édifice dont les hommes aient conservé le souvenir, et que les Babyloniens convertirent en un temple de Jupiter Bélus?

» Tout s'accorde pour l'affirmer.

» Sur la rive orientale de l'Euphrate, les ondulations du sol et les monticules sont plus nombreux. La plus vaste éminence, qui se rapproche de Hilla, offre un immense plateau rectangulaire, également en briques, et que les Arabes nomment Babel ou Mudgélibeh, mot qui signifie : « ruiné de fond en comble. »

» Ce serait, en effet, paraît-il, ce qui reste du palais de Nabuchodonosor, dans lequel mourut Alexandre-le-Grand.

» Au sud-est, sur un autre mamelon, on voit aussi une autre ruine d'une circonférence de huit cents mètres, qu'une tradition constante donne comme les débris majestueux des célèbres jardins suspendus du même Nabuchodonosor, faussement attribués à Sémiramis. Ce sont de massifs murs, d'une inébranlable solidité, qui devaient, selon toutes les apparences, supporter ces jardins uniques au monde. Au sommet de l'un de ces vieux murs s'épanouit encore le vigoureux rameau vert d'un tronc vénérable incliné par les vents, qui semble raconter les âges écoulés. Sous les voûtes de ces antiques murailles s'ouvrent de longs corridors et de ténébreuses galeries souterraines inexplorées, car nul voyageur n'ose pénétrer dans leurs abîmes béants, qui inspirent un effroi dont le plus brave n'ose se défendre. A ces ruines on donne le nom d'Alcasr ou Kasr, c'est-à-dire château ou palais. Elles sont entièrement composées de briques cuites, parfaitement moulées, et offrant sur une face une infinité de petits caractères graphiques cunéiformes, ou à têtes de clous, inscription assyrienne tout-à-fait indéchiffrable.

» Hélas ! maintenant, la désolation habite ces ruines colossales, éventrées au profit de nos musées, et ces immenses débris de splendeurs à jamais éteintes servent de tanières redoutables aux bêtes féroces du désert. Ainsi, la terrible prophétie d'Isaïe n'est, depuis longtemps, que trop fidèlement accomplie. »

Le même M. Alfred Driou ajoute, à propos de Ninive :

« Ninive fut la capitale politique de l'antique Assyrie. Jamais ville au monde n'égala les splendeurs de cette cité, l'une des plus anciennes du vieux monde. Fondée par Assur en 2640 avant J.-C., puis agrandie vers 1968, par Ninus, qui lui donna son nom, elle dut ses magnificences à l'épouse de Ninus, la grande Sémiramis.

» Cette ville fut prise deux fois : la première par Arbacès et Bélésis, en 759, après la chute de Sardanaple ; la seconde, par Nabopolassar Ier, roi de Babylone, en 625.

» La corruption de Ninive égala sa puissance et sa richesse. Les prophètes juifs reviennent souvent sur son luxe effréné. On connaît la fameuse mission donnée par Dieu à Jonas, et la crainte qu'elle lui inspirait. Ce prophète finit cependant par la remplir, en criant dans toutes les rues de la ville : Encore quarante jours et Ninive sera détruite! Mais Dieu, touché de la pénitence des Ninivites, leur pardonna. D'après Jonas, Ninive avait une immense étendue.

» Hérodote ne parle pas de Ninive dans son voyage en Assyrie, parce qu'elle venait d'être détruite, en 626 avant J.-C., par Cyaxare, roi de Médie. A l'époque de son voyage, deux cents ans après sa chute, ses admirables bâtiments couvraient la rive orientale du Tigre, frère de l'Euphrate, de leurs ruines colossales, et déjà le sable, poussé par le vent du désert, les ensevelissait sous des ondulations que les siècles devaient changer en collines. Il advint alors que, après un nombre d'années, les explorateurs ne trouvèrent plus de vestiges de cette brillante et voluptueuse cité. Mais il advint aussi qu'une ville moderne, Mossoul, s'étant formée au nord-ouest et dans le pachalick de Badgad, assez près du Tigre, la France envoya des consuls dans cette ville, domaine des Turcs. Or, en 1843, M. Botta remplissait cet emploi, lorsque, poussant ses excursions sur le bord oriental du fleuve, il avisa des éminences circulaires qui ne lui parurent pas l'œuvre de la nature, car elles n'étaient répétées nulle part ailleurs.

» Comme il cherchait depuis longtemps le gisement de Ninive, M. Botta augura que ces renflements du sol pouvaient bien cacher les ruines de cette ville fameuse. Il se mit donc à l'œuvre, réunit un nombre d'ouvriers, et, au nord du petit village de Niniouah, fouilla le sol, qui ne lui donna d'abord que des objets insignifiants. Il passa le Tigre alors, et fit éventrer les éminences de l'autre rive. Aussitôt des pans de murs en briques, et peu après, un palais tout entier, sortirent de terre. Avec ce palais, revirent le jour de gigantesques sculptures, montrant une véritable danse macabre de prêtres, de rois, de soldats, de gens de toutes conditions. Le Khorsabad, demeure des rois de Ninive, et Ninive, étaient retrouvés désormais. Nombre de ces précieuses reliques furent expédiées en France par le Tigre et l'Euphrate, qui, jaloux de ces trésors, en engloutirent une partie qu'on sut leur reprendre. Maintenant le Khorsabad n'est plus à Ninive, il est à notre musée du Louvre, grâce à M. Botta et aux hommes intelligents qui ont continué son œuvre... »

VUE DE PATNA, SUR LE GANGE.

Patna, dans la province de Béhar, est la première cité riche et importante que les voyageurs dans l'Inde trouvent sur leur route, lorsqu'ils traversent le Gange pour gagner les hautes terres.

Elle est située sur la rive droite de ce fleuve Quoiqu'elle ne renferme aucun édifice bien remarquable, on y distingue des restes considérables de la grandeur musulmane, et, prise du fleuve la vue en est très pittoresque. Les nombreuses habitations de la classe riche sont à toits plats et entourées de balustrades sculptées; elles offrent une belle apparence. Des arbres gigantesques d'une verdure sombre, des fragments de grands portiques d'un granit rouge foncé, entremêlés de temples hindous et musulmans, ajoutent à la magnificence de ce tableau. Et, quand le fleuve coule à pleins bords, les belvédères, les minarets, les dômes, que réfléchit l'immense miroir de ses eaux, fournissent une vue pleine de grandeur.

Si on ne redoute ni la boue ni la chaleur, il faut parcourir Patna après le coucher du soleil. Les rues sont alors pleines de monde ; toute la population s'agite comme une fourmilière, on se réunit sous les vérandas pour fumer le houka et assister commodément au spectacle du dehors. Les palkis des naturels, leurs rheuts, leurs taudnojohns se fraient à force ouverte un passage à travers la foule, les valets n'hésitent jamais à culbuter les gens pour faire place à leurs maîtres. Rien ne se fait sans bruit dans l'Inde, et au tapage des passants et des promeneurs, se joignent les cris redoutables des tchokeydars et les hurlements continuels des faquirs stationnés à l'angle des rues. Toutes les boutiques sont resplendissantes de lumière, et à mesure que la nuit s'avance, de vastes et sombres édifices qui voilent quelques parties d'un ciel indigo et parsemé d'innombrables étoiles, présentent un aspect imposant et solennel ; tout ce qui est mesquin et peu élevé reste enseveli au sein de l'obscurité, et l'on ne distingue que les objets proéminents.

Patna est alors dans toute sa beauté, et présente aux regards une suite de temples et de palais, ouvrages somptueux des Mongols.

Il se fait à Patna un très grand commerce d'opium, de riz, de sucre, que produisent les environs en abondance. Aussi cette ville est-elle regardée comme un des plus florissants comptoirs des Anglais dans l'Inde, qui y ont établi une des six cours supérieures des présidences du Bengale et d'Agra, une très forte citadelle, un dépôt militaire.

FIN.

TABLE.

TABLEAU GÉNÉRAL DE L'ASIE.

FIN DE LA TABLE.

Limoges. — Imp. Eugène ARDANT et Cie.

www.ingramcontent.com/pod-product-compliance
Ingram Content Group UK Ltd.
Pitfield, Milton Keynes, MK11 3LW, UK
UKHW020124200726
13856UKWH00002B/720